きほんのドリル 1。

時間 15分 合かく 80点 /100

月　日

答え 81ページ　サクッとこたえあわせ

① 一億(おく)をこえる数

1 大きな数の位

JN078054

[千万の 10 倍を一億といいます。]

1 2896351462 について、それぞれの位をかきましょう。

教上11ページ1　25点(1つ5)

2	8	9	6	3	5	1	4	6	2
① の位	② 一億の位	③ の位	百万の位	④ の位	⑤ の位	千の位	百の位	十の位	一の位

2 8211092461 7000 について答えましょう。　教上13ページ1　30点(1つ10)

① 一億の位の数字は何ですか。　(　　　　)

② 一兆(ちょう)の位の数字は何ですか。　(　　　　)

③ 8 は何の位の数字ですか。　(　　　　)

3 3億6000万は、どんな数ですか。□にあてはまる数をかきましょう。

教上15ページ4　30点(□1つ10)

① 1億を ㋐□ こ、1000万を ㋑□ こあわせた数

② 1000万を □ こ集めた数

4 下の数直線で、㋐、㋑、㋒にあたる数をかきましょう。　教上15ページ7

15点(1つ5)

9000億　㋐　1兆　㋑　1兆1000億　㋒

㋐ (　　　　)　㋑ (　　　　)

㋒ (　　　　)

時間15分　合かく80点　／100

月　日

サクッとこたえあわせ　答え 81ページ

① 一億(おく)をこえる数

1　大きな数の位　……(2)

[どんな大きさの数でも 0 から 9 までの 10 この数字でかき表せます。]

1 次の数を 10 倍、100 倍した数をかきましょう。
また、10 や 100 でわった数をかきましょう。　教 上16～17ページ1、17ページ2

40点(( )1つ5)

① 6000 万

10 倍した数 (　　　)　100 倍した数 (　　　)

10 でわった数 (　　　)　100 でわった数 (　　　)

② 8000 億

10 倍した数 (　　　)　100 倍した数 (　　　)

10 でわった数 (　　　)　100 でわった数 (　　　)

600000000
60000000
6000000
600000
60000

10 倍　100 倍
10 でわる　100 でわる

よく読んで！

2 0 から 9 までの数字をそれぞれ 1 回ずつ使って、10 けたの数をつくります。

教 上18ページ3、4　60点(1つ20)

① いちばん大きい数をかきましょう。

(　　　)

② いちばん小さい数をかきましょう。

(　　　)

③ 2 番目に小さい数をかきましょう。

(　　　)

合かく 80点 /100

月　日

① 一億(おく)をこえる数
2　大きな数の計算 ……(1)

[100倍の100倍は、100×100=10000で、1万倍です。]

1 26+49=75、49−26=23を使って、次の答えを求(もと)めましょう。
教 上19ページ1　10点(1つ5)

① 26億＋49億　(　　　)　② 49兆(ちょう)−26兆　(　　　)

2 25×13=325を使って、次の答えを求めます。□にあてはまる数やことばをかきましょう。　教 上19ページ2　50点(□1つ5)

① 2500×1300

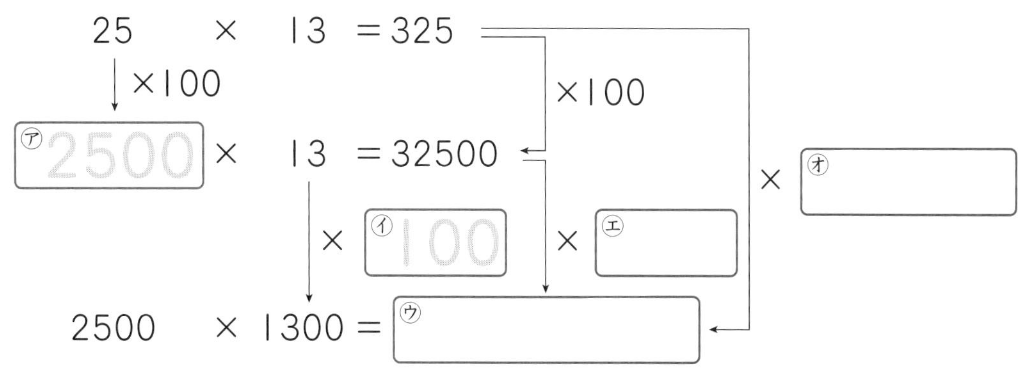

② 25万×13万

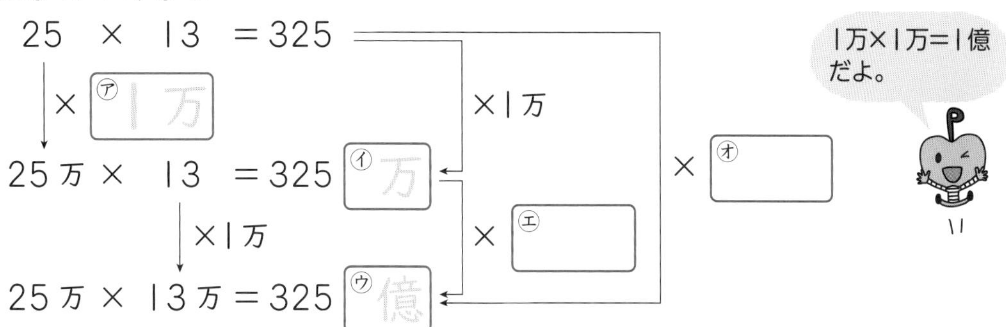

3 28×31=868を使って、答えを求めましょう。　教 上19ページ3　40点(1つ10)

① 2800×3100　② 28×31万

③ 28万×31万　④ 28億×31万

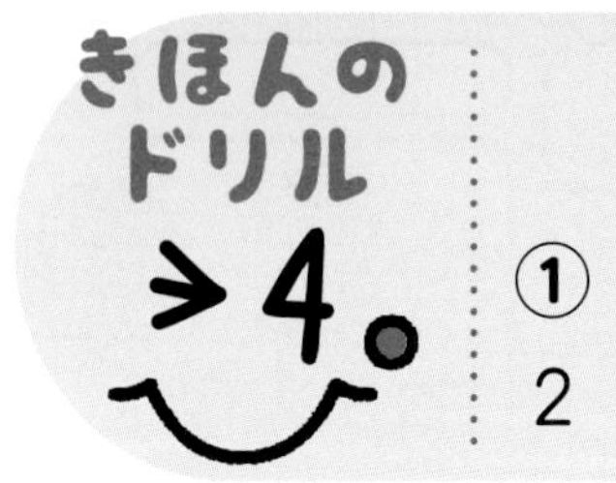

合かく 80点 /100

月　日

① 一億（おく）をこえる数

2　大きな数の計算　……(2)

［2けたの数をかける筆算と同じように計算します。］

1 352×234 の筆算を次のようにしました。□にあてはまる数をかきましょう。 教 上20ページ1　40点(□1つ10)

```
   352
 ×234
  1408 …352×  4 = ①1408
 1056  …352× 30 = ②
 704   …352× ③  =70400
 ④
```

2 次の計算をしましょう。 
　60点(1つ5)

① 143×262　② 274×345　③ 327×183　④ 92×126

⑤ 65×319　⑥ 542×102　⑦ 458×301　⑧ 248×207

⑨ 307×809　⑩ 209×708　⑪ 4300×260　⑫ 480×3200

合かく 80点　／100

月　日

サクッとこたえあわせ

答え 81ページ

② 折(お)れ線グラフ

1 変(か)わり方を表すグラフ

[変わり方を表すには、折れ線グラフを使います。]

1 次のグラフは、1日の気温を2時間ごとに調べたものです。

100点(①・②10、③〜⑥20)

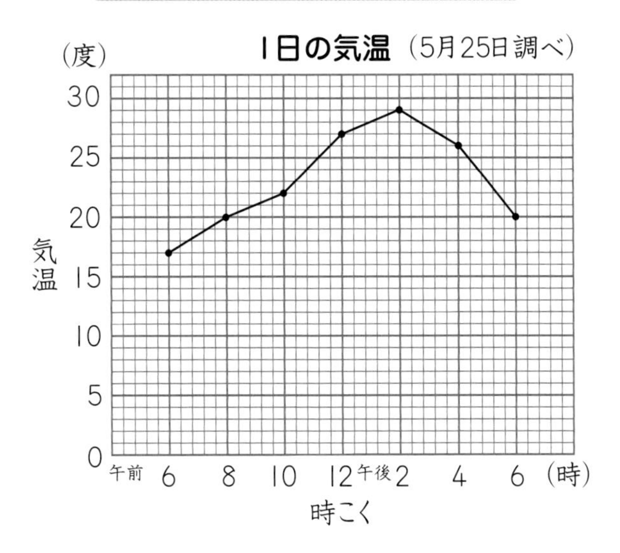

① たてのじくの1目もりは何度を表していますか。

(　　　　)

② 午前10時の気温は何度ですか。

(　　　　)

③ 気温が20度だった時こくを全部いいましょう。

(　　　　)

④ 気温が下がっているのは、何時から何時までの間ですか。

(　　　　)

⑤ 気温の上がり方がいちばん大きいのは、何時から何時までの間ですか。

(　　　　)

⑥ 気温の下がり方がいちばん大きいのは、何時から何時までの間ですか。

(　　　　)

合かく 80点 ／100

月　日

② 折れ線グラフ

2　折れ線グラフのかき方／3　2つのグラフをくらべて

1 1日の気温の変わり方を折れ線グラフにかく手順をまとめます。
□にあてはまることばをかきましょう。 教上28〜29ページ1　30点（□1つ10）

(1)　横のじくに ① をとり、目もりをつけて、単位をかきます。

(2)　たてのじくに ② をとり、目もりをつけて、単位をかきます。

(3)　それぞれの時こくの気温を表す点をうちます。

(4)　点を順に ③ でつなぎます。

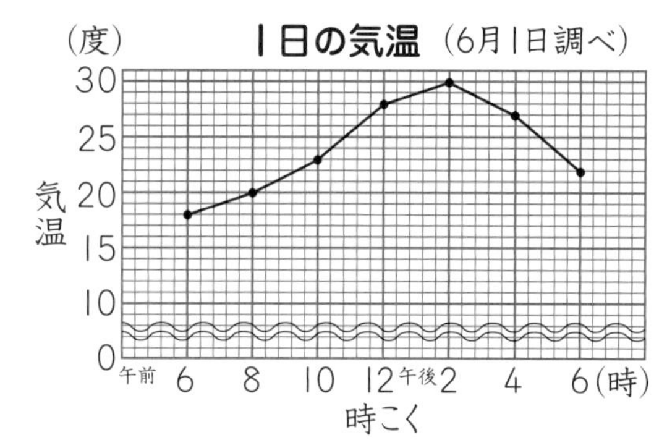

2 ある場所の地面の温度を調べました。これを折れ線グラフにかきましょう。

教上30〜31ページ2、31ページ3

60点（□1つ5、グラフ全部できて10）

地面の温度（6月5日調べ）

時こく(時)	午前6	8	10	12
温　度(度)	21	26	30	36

時こく(時)	午後2	4	6
温　度(度)	39	35	28

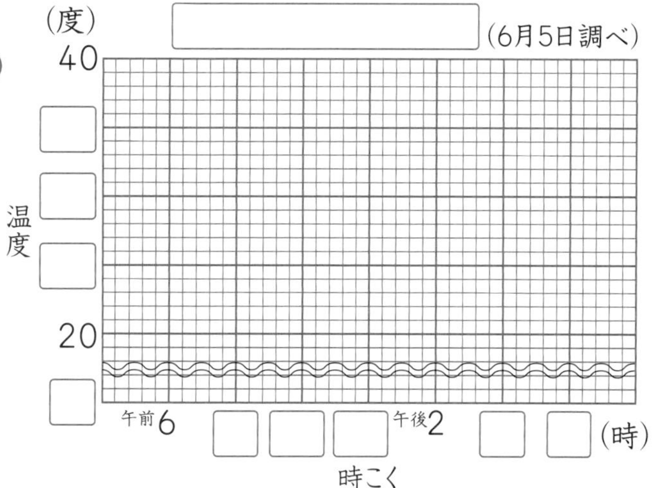

3 右のグラフは、大山市と小山市の同じ日の気温を調べたものです。2つの市の気温のちがいがいちばん大きかったのは何時ですか。

教上32〜33ページ1　10点

（　　　　　）

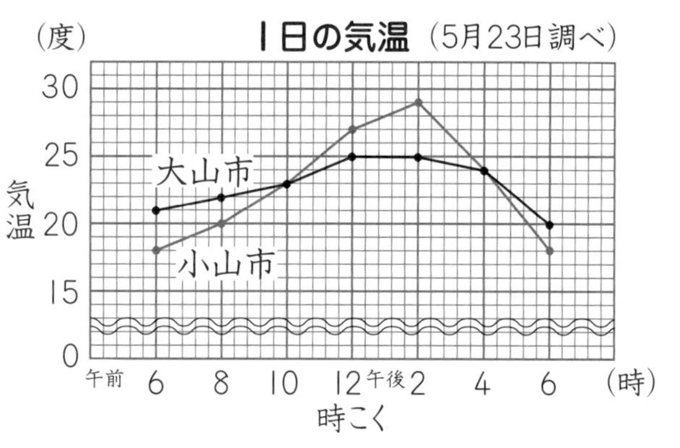

時間15分　合かく80点　/100

月　日

③ 1けたでわるわり算の筆算
1 (2けた)÷(1けた) の筆算 ……(1)

[大きい位(くらい)から順(じゅん)に計算します。]

1 84÷6 の筆算のしかたを考えます。
□にあてはまる数をかきましょう。 教 上38～39ページ 1　20点(□1つ4)

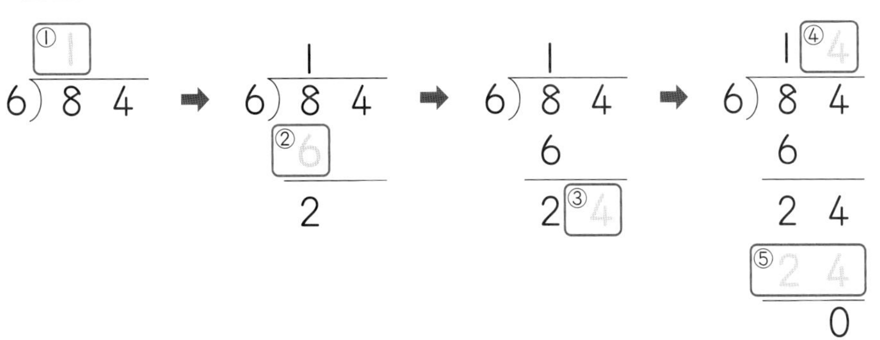

2 次の計算をしましょう。 教 上39ページ 2　80点(1つ10)

① 2)34

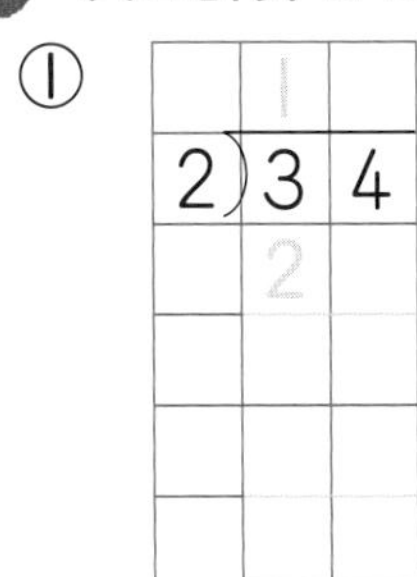

② 5)65

③ 4)96

④ 7)91

⑤ 3)78

⑥ 8)96

⑦ 5)85

⑧ 6)90

合かく 80点 ／100

月　日

③ Iけたでわるわり算の筆算

I　(2けた)÷(Iけた) の筆算 ……(2)

[あまりのあるわり算の答えのたしかめは、わる数×商(しょう)＋あまり＝わられる数]

1 69÷4 の計算をします。　教 上40ページ3、4　35点(①15・②□1つ5)

① 筆算でしましょう。

たてる→かける→ひく→おろす
の順(じゅん)だね。
あまりに気をつけよう。

② 答えのたしかめをしましょう。

4 × □ ＋ □ ＝ □

2 次の計算をしましょう。　教 上41ページ6　40点(1つ20)

① 3)69（商の十の位 2、6 の下に 6）

3に2をかけて6
6から6をひいて0
9をおろして……

② 2)81（商の十の位 4、8 の下に 8）

3 次の計算をして、①、③は答えのたしかめもしましょう。

教 上40ページ5、41ページ7　25点(計算5・たしかめ5)

① 2)31

② 2)48

③ 3)92

たしかめ
(　　　　　　)

たしかめ
(　　　　　　)

時間15分 合かく80点 /100

月　日

答え 82ページ

③ 1けたでわるわり算の筆算

2 (3けた)÷(1けた) の筆算 ……(1)

[(3けた)÷(1けた)の筆算も、(2けた)÷(1けた)の筆算と同じようにします。]

1 次の計算をしましょう。 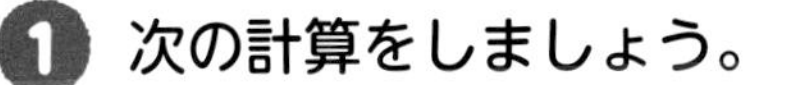 20点(1つ10)

①

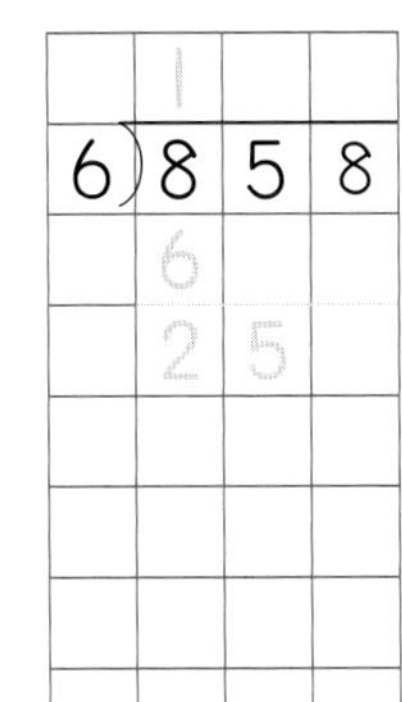

②

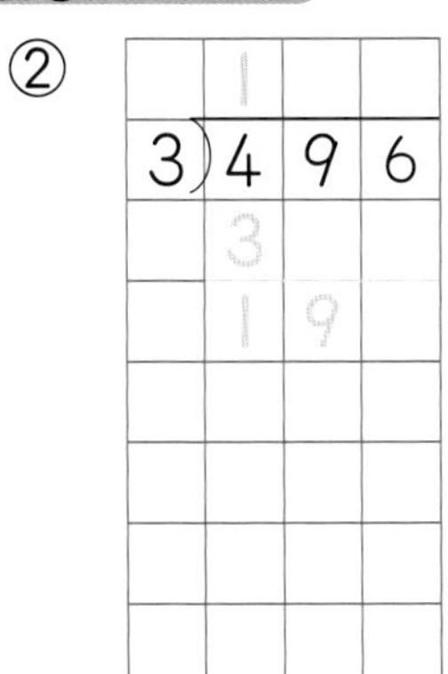

たてる → かける → ひく → おろす のくり返しだよ。

2 次の計算をしましょう。 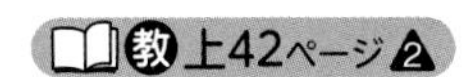 80点(1つ10)

① 2)578　② 6)816　③ 6)828　④ 4)776

⑤ 5)675　⑥ 6)912　⑦ 5)623　⑧ 3)718

教科書 上42ページ

合かく 80点　　/100

③ １けたでわるわり算の筆算

2　(3けた)÷(１けた) の筆算　……(2)

[はじめの位（くらい）に商（しょう）がたたないとき、はじめの 0 はかきません。]

1 次の計算をしましょう。 教 上43ページ 4、5　　30点(1つ10)

①

	1		
5)	5	3	0
	5		
		3	

②

		4	
7)	3	0	1
	2	8	
		2	1

③

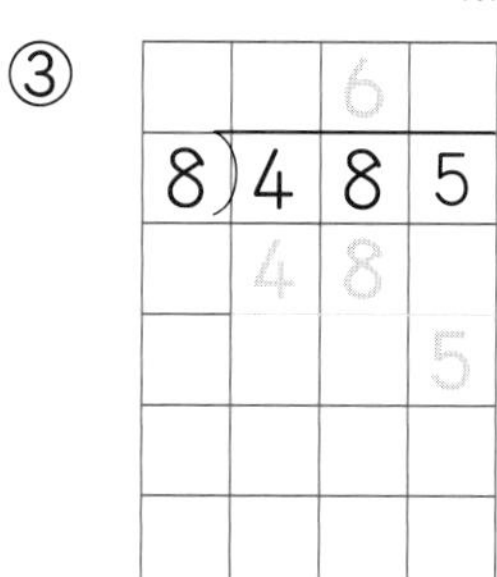

		6	
8)	4	8	5
	4	8	
			5

2 次の計算をしましょう。 教 上43ページ 6、7　　70点(①〜④1つ10、⑤・⑥1つ15)

① 3)615

② 4)832

③ 8)860

④ 7)715

⑤ 3)237

⑥ 5)485

合かく 80点 ／100

月　日

③ 1けたでわるわり算の筆算

3 暗算

[声に出して、暗算をしましょう。]

1 84÷3 を暗算でします。□にあてはまる数をかきましょう。

教 上45ページ1　25点(□1つ5)

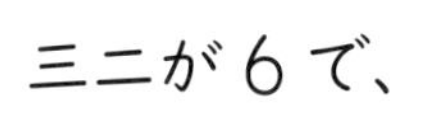

三二が６で、①20

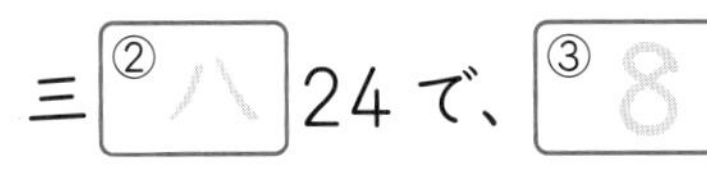
三②八 24 で、③8

あわせて ④

84÷3=⑤

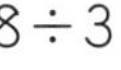

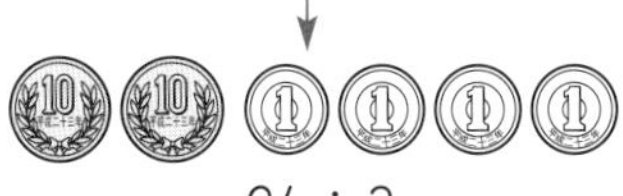

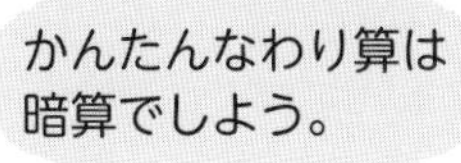

2 次の計算を暗算でしましょう。 教 上45ページ3　75点(1つ5)

① 26÷2　② 39÷3　③ 46÷2

④ 66÷2　⑤ 38÷2　⑥ 45÷3

⑦ 96÷8　⑧ 68÷4　⑨ 75÷5

⑩ 90÷5　⑪ 90÷6　⑫ 87÷3

⑬ 92÷4　⑭ 96÷6　⑮ 98÷2

まとめのドリル 12。 ③ 1けたでわるわり算の筆算

時間 15分 合かく 80点 /100

月 日

サクッとこたえあわせ

答え 83ページ

1 次の計算をしましょう。 50点(1つ5)

① $2\overline{)54}$ ② $3\overline{)81}$ ③ $7\overline{)84}$ ④ $8\overline{)90}$

⑤ $4\overline{)97}$ ⑥ $6\overline{)64}$ ⑦ $3\overline{)555}$ ⑧ $4\overline{)761}$

⑨ $9\overline{)306}$ ⑩ $7\overline{)142}$

2 73÷5 の計算をしましょう。 30点(①商・あまり両方できて20、②10)

① 商(しょう)とあまりはいくつですか。

商 (　　　) あまり (　　　)

② 答えのたしかめをしましょう。

(　　　　　　)

3 37 このりんごを、3 こずつふくろにつめると、何ふくろできて、何こあまりますか。 20点(式10・答え10)

式

答え (　　　　　　)

教科書 上36〜47ページ

合かく 80点　／100

月　日

サクッとこたえあわせ

答え 83ページ

④ 角とその大きさ

1　角の大きさのはかり方　……(1)

[角の大きさをはかるには、分度器(ぶんどき)を使います。]

1 頂点(ちょうてん)アを中心に、辺(へん)アウを動かして、いろいろな角をつくりました。□にあてはまる数やことばをかきましょう。　教 上50～51ページ

20点(□1つ5)

ウ　あ　ア　イ　→　ウ　い　ア　イ　→　う　ウ　ア　イ　→　え　ア　イ　ウ　→　お　ア　イ　ウ

いの角を[直角]といいます。うの角は直角の□こ分です。えの角は直角の□こ分、おの角は直角の□こ分で、いちばん大きい角です。

2 次のあの角の大きさをはかります。□にあてはまる数をかきましょう。　教 上52～53ページ 1　20点(□1つ10)

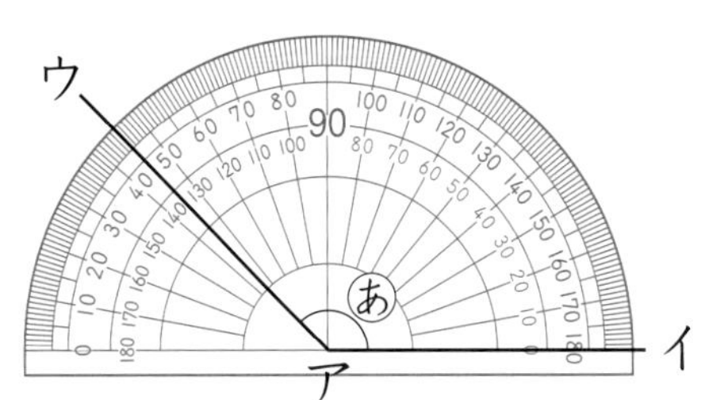

[90]°より大きく、130°と140°のあいだにあります。

あの角の大きさは□°です。

3 次の角の大きさをはかりましょう。　教 上53ページ 2、55ページ 5　60点(1つ10)

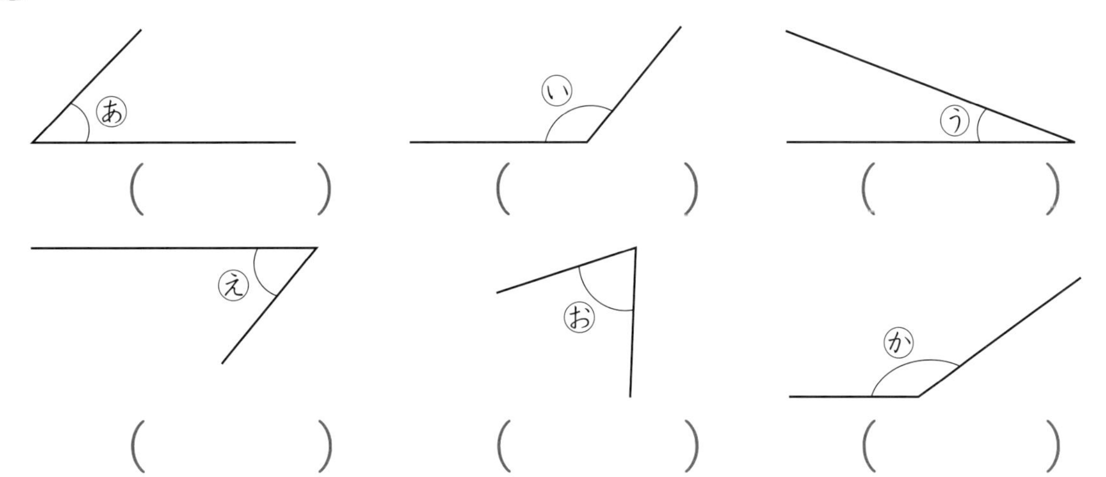

あ(　　)　い(　　)　う(　　)

え(　　)　お(　　)　か(　　)

合かく 80点 /100

答え 83ページ

④ 角とその大きさ

Ⅰ 角の大きさのはかり方 ……(2)

[三角じょうぎの角の大きさは、きまっています。]

1 Ⅰ組の三角じょうぎを使って、いろいろな角をつくりました。あ、い、うの角の大きさは何度ですか。 教 上56～57ページ 1 　40点(□1つ5)

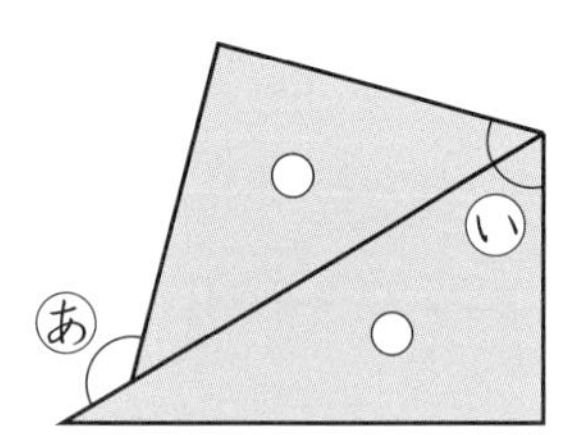

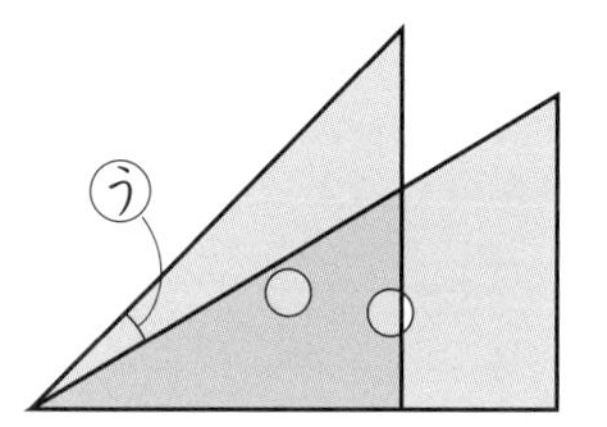

い 式 45° + □° = □°

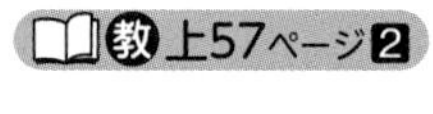

2 次のあ、いの角の大きさは何度ですか。 教 上57ページ 2 　30点(□1つ5)

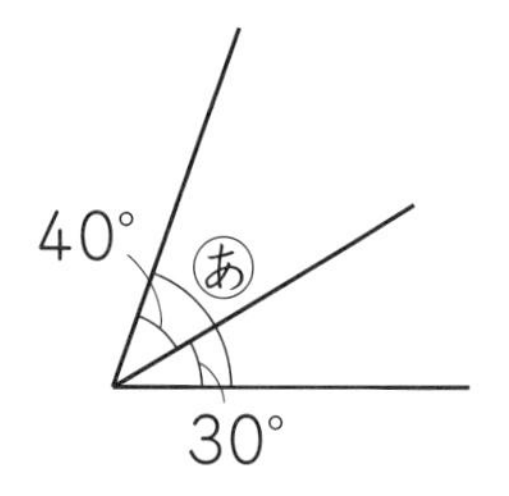

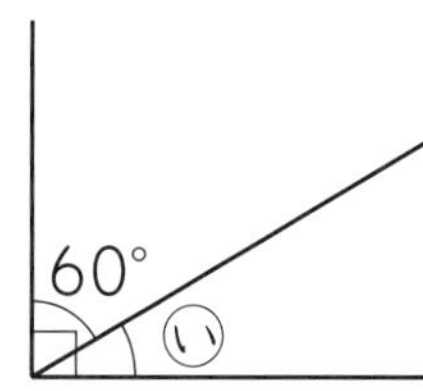

あ 式 □° + □° = □°

3 次の角の大きさをはかりましょう。 教 上58～59ページ 1、59ページ 2 　30点(1つ10)

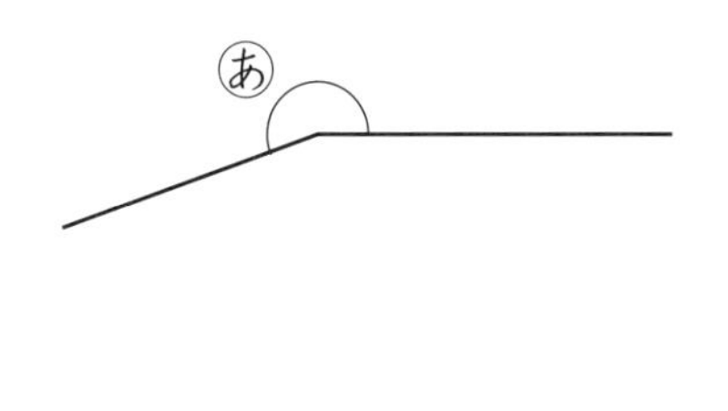

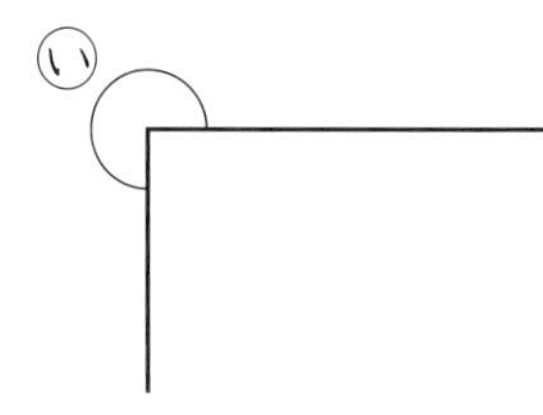

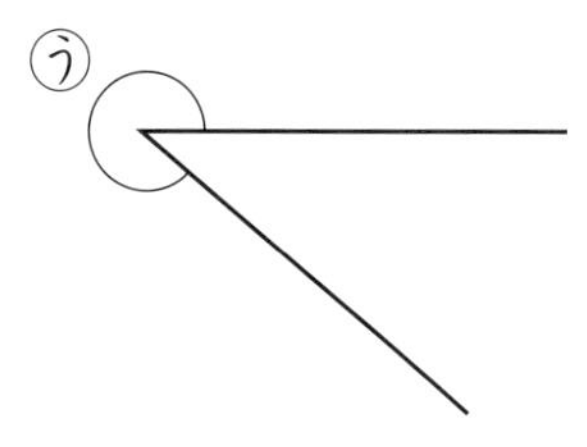

(　　　)　(　　　)　(　　　)

15分　合かく 80点　／100

月　日

答え 83ページ　サクッとこたえあわせ

④ 角とその大きさ

2 角のかき方

[分度器(ぶんどき)を使うと、いろいろな大きさの角がかけます。]

1 50°の大きさの角を次のようにしてかきます。□にあてはまる記号や数をかきましょう。 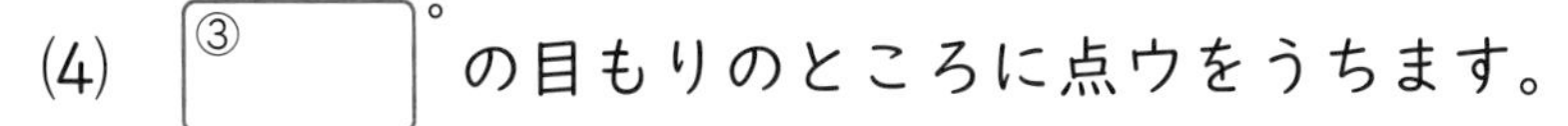 30点(□1つ10)

(1) 辺(へん)アイをかきます。

(2) 分度器の中心を点 ① ア にあわせます。

(3) ② 0 °の線を辺アイにあわせます。

(4) ③ □ °の目もりのところに点ウをうちます。

(5) 点アと点ウを通る直線をかきます。

ウ　ア　イ

2 分度器の中心を点アにあわせて、次の大きさの角をかきましょう。

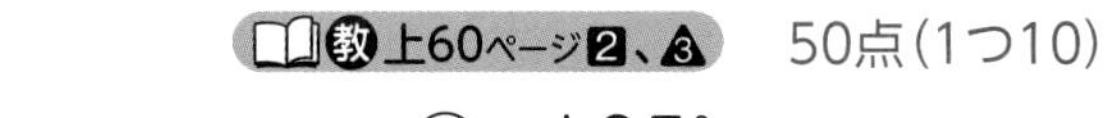

50点(1つ10)

① 35°　ア　イ

② 70°　ア　イ

③ 135°　ア　イ

④ 170°　ア　イ

⑤ 210°　ア　イ

3 右のような三角形をかきましょう。  20点

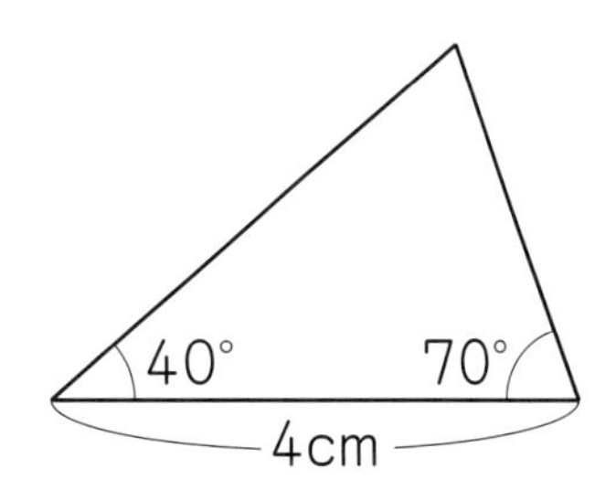

合かく 80点　／100

⑤ 垂直・平行と四角形

1 垂直と平行

[2 本の直線が交わってできる角が直角のとき、2 本の直線は垂直です。]

1 次の図で、2 本の直線が垂直であるものをすべて答えましょう。

教 上64～65ページ 1　すべてできて20点

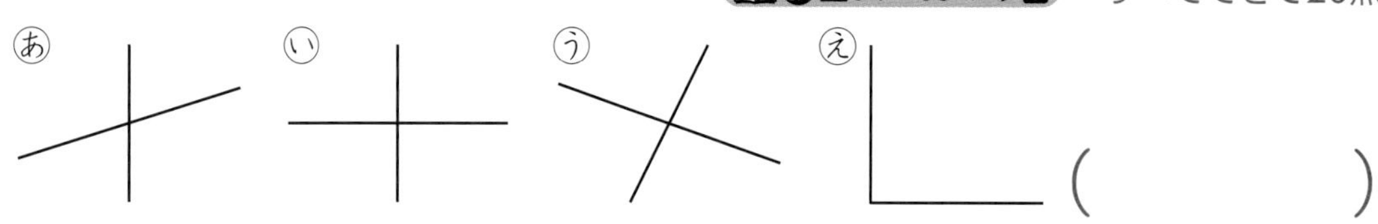

(　　　)

2 次の図で、2 本の直線が平行であるものを答えましょう。

教 上66～67ページ 1　20点

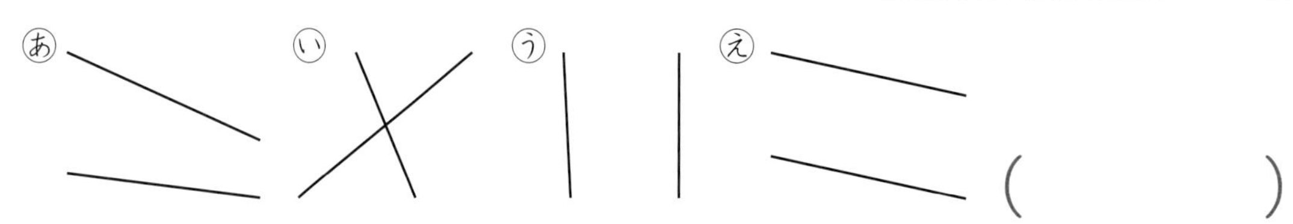

(　　　)

[1 本の直線に垂直な 2 本の直線は平行です。平行な 2 本の直線のはばは、どこも等しいです。]

3 右の図で、直線アウ、直線イエは、それぞれ直線あと直線いに垂直です。□にあてはまる数やことばをかきましょう。　教 上67ページ 2

30点(□1つ10)

直線アウと直線イエは ㋐□ です。

直線あと直線いは ㋑□ です。直線イエの長さは ㋒□ cm です。

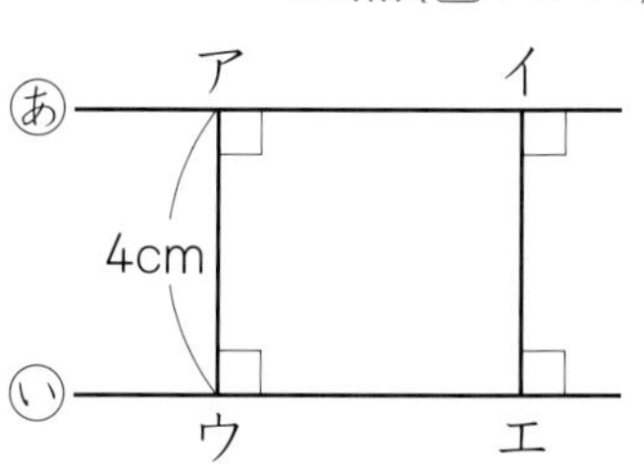

4 右の長方形で、辺ABに垂直な辺と平行な辺をすべて答えましょう。　教 上67ページ 3

30点(1つ15)

垂直……(　　　)

平行……(　　　)

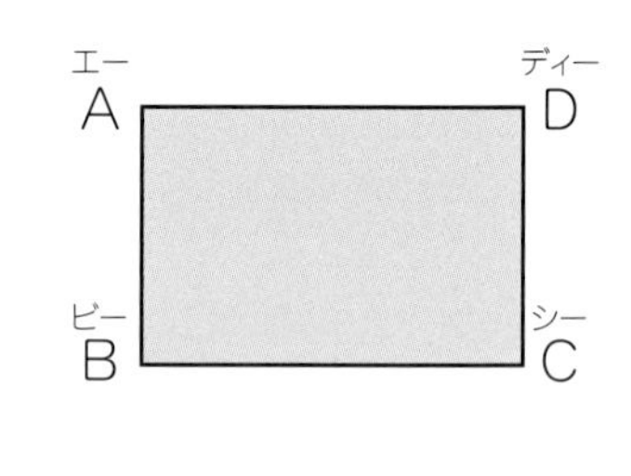

合かく 80点 ／100

⑤ 垂直(すいちょく)・平行と四角形

2 垂直や平行な直線のかき方

[1組の三角じょうぎを使って、垂直な直線や平行な直線をかくことができます。]

1 下の図に、点A(エー)を通って直線㋐に垂直な直線と、点B(ビー)を通って直線㋑に平行な直線をかきましょう。 教 上68～69ページ1 60点(1つ15)

①

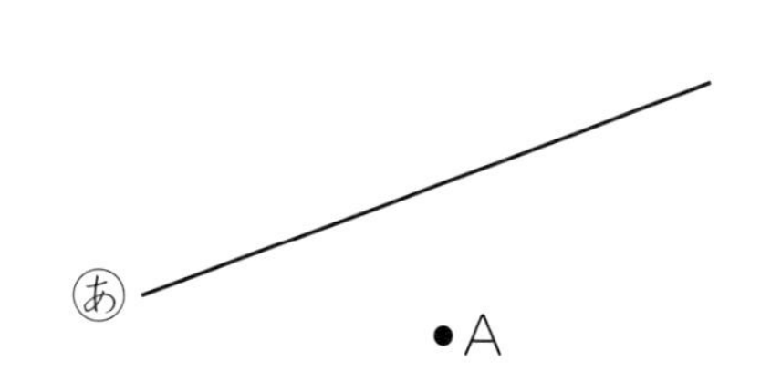

②

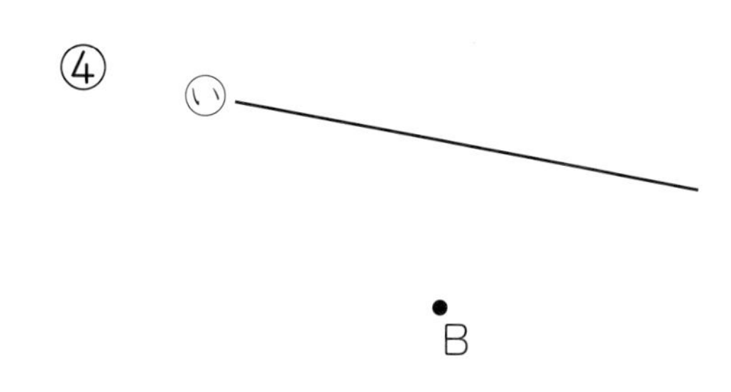

③ B ㋑

④ ㋑ B

[方がん紙を使うと、垂直や平行な直線をかんたんにみつけたり、かいたりすることができます。]

2 右の図で、垂直になっている直線と平行になっている直線はどれですか。

教 上71ページ1 30点(1つ5)

垂直(と)、(と)

(と)、(と)

平行(と)、(と)

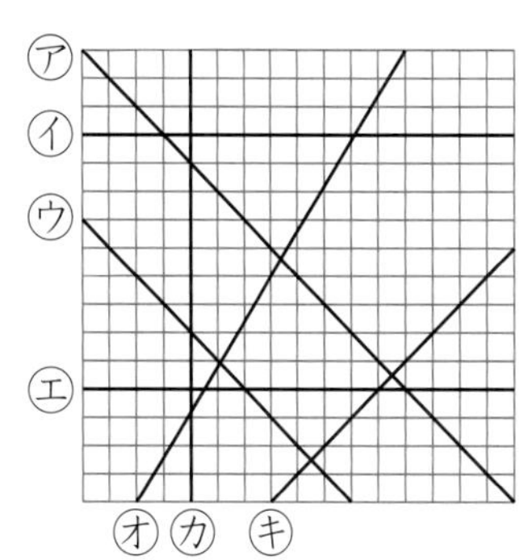

3 右の図に、点Aを通って直線㋐に垂直な直線と平行な直線をかきましょう。

教 上71ページ2 10点(1つ5)

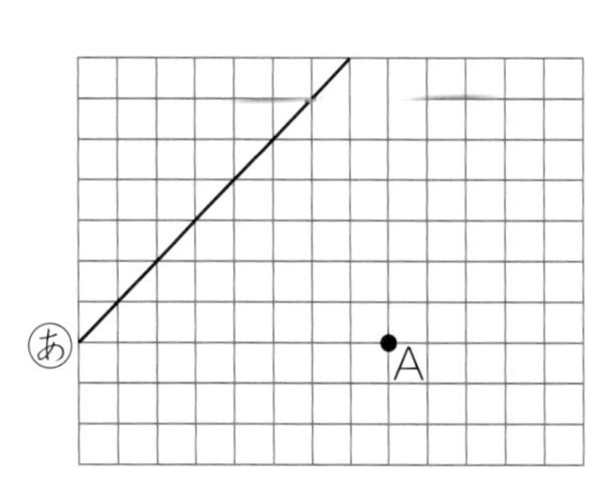

時間 15分 | 合かく 80点 | /100

月　日

⑤ 垂直・平行と四角形

3　四角形 ……(1)

向かいあう1組の辺が平行な四角形は台形です。向かいあう2組の辺がどちらも平行になっている四角形は平行四辺形です。

1 次のあ～かの中から台形と平行四辺形をみつけ、記号をかきましょう。

教 上73ページ 2　50点(1つ10)

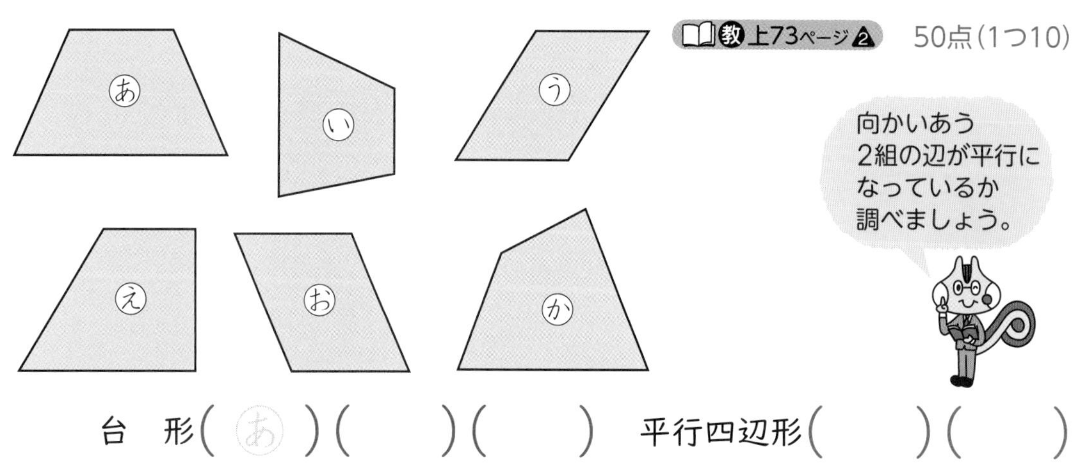

台　形(　あ　)(　　　)(　　　)　平行四辺形(　　　)(　　　)

2 右の平行四辺形について答えましょう。　教 上74ページ 5　40点(1つ10)

① 辺ADの長さは何cmですか。(　　　　　)

② 辺CDの長さは何cmですか。(　　　　　)

③ 角Cの大きさは何度ですか。(　　　　　)

④ 角Dの大きさは何度ですか。(　　　　　)

3 下のような平行四辺形をかきましょう。

教 上75ページ 6、7　10点

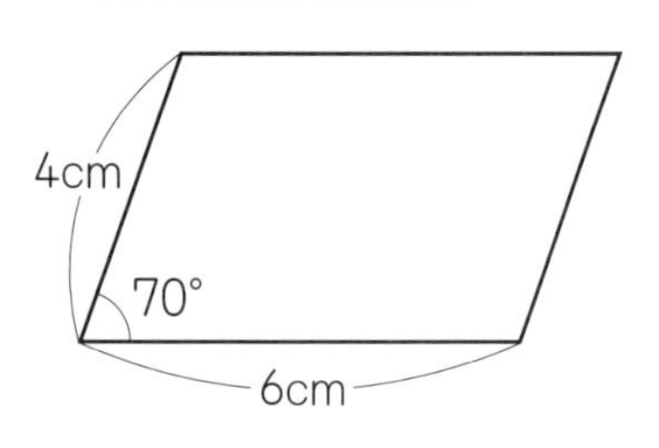

時間 15分 合かく 80点 /100

月　日

答え 84ページ

⑤ 垂直・平行と四角形

3 四角形 ……(2)

[辺の長さがすべて等しい四角形はひし形です。]

1 次のあ～きの中からひし形をみつけ、記号をかきましょう。

教 上76ページ 1　40点(1つ10)

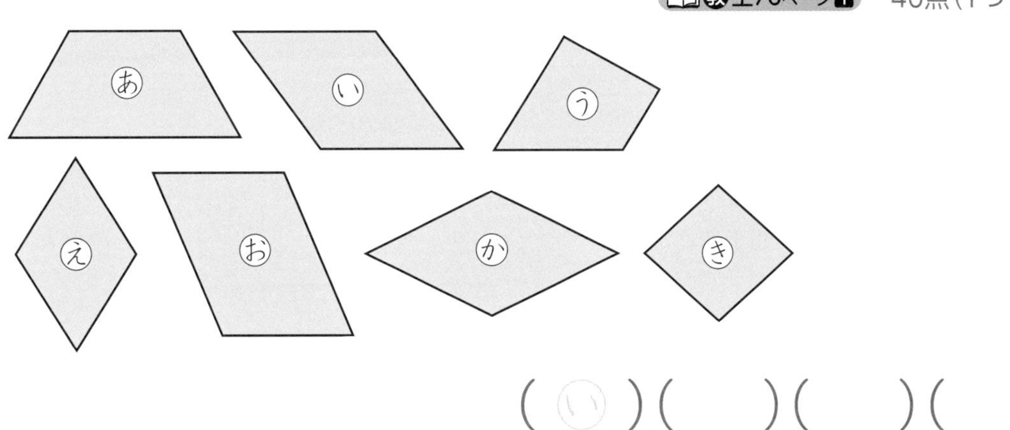

(い)(　　)(　　)(　　)

2 右のひし形について答えましょう。　教 上76ページ 1　50点(1つ10)

① 辺BCの長さは何cmですか。(　　　)

② 辺CDの長さは何cmですか。(　　　)

③ 辺ADの長さは何cmですか。(　　　)

④ 角Bの大きさは何度ですか。(　　　)

⑤ 角Cの大きさは何度ですか。(　　　)

ディー D　140°　エー A　40°　シー C　4cm　ビー B

ミスに注意！

3 右の図のように、半径が等しい4つの円をならべ、となりあう円の中心を直線でつなぐと、どんな形ができますか。また、そのわけをかきましょう。　教 上76ページ 2　10点(答え5・わけ5)

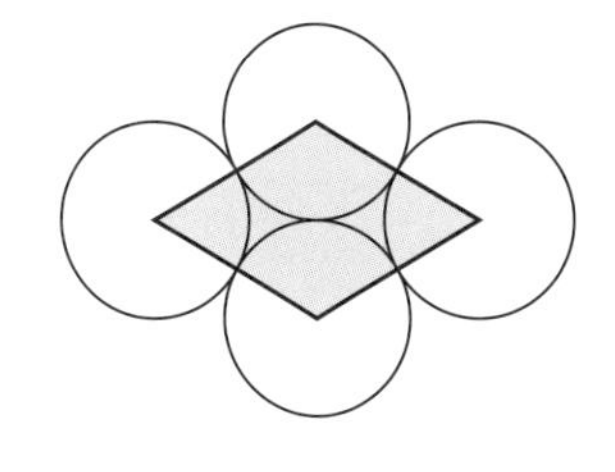

答え (　　　　)

わけ (　　　　)

合かく 80点　　／100

月　　日

⑤ 垂直（すいちょく）・平行と四角形

3 四角形 ……(3)

[対角線（たいかくせん）は四角形の向かいあう頂点（ちょうてん）を結（むす）んだ直線です。]

1 **あ～えの四角形について、次の問いに答えましょう。** 教 上77ページ 1、2

80点(1つ10)

① あ～えの四角形に対角線をかきましょう。

あ

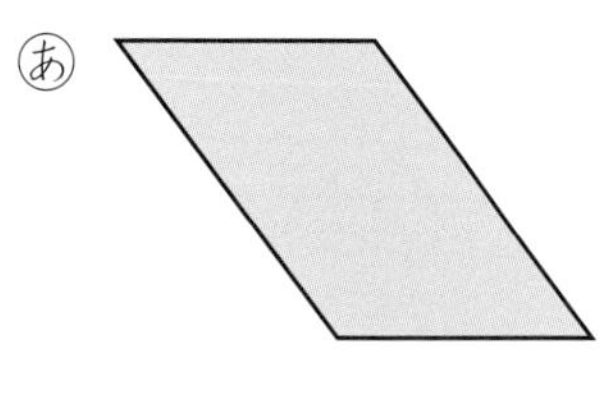

い

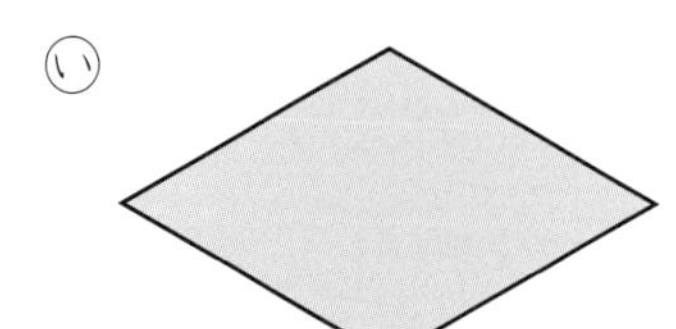

う

え

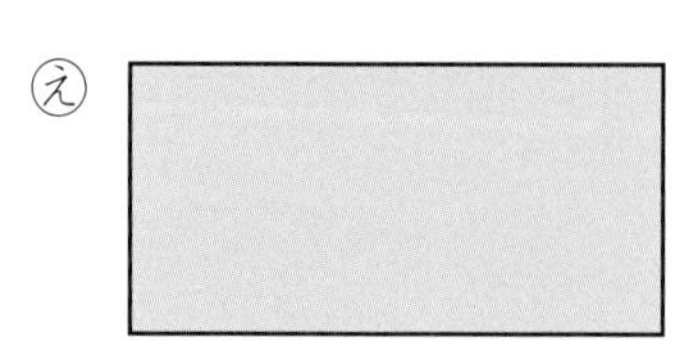

② 2本の対角線が垂直で、それぞれのまん中の点で交わるのは、どの四角形ですか。

(　　)(　　)

③ 2本の対角線の長さが等しいのは、どの四角形ですか。

(　　)(　　)

2 **下の長方形について答えましょう。** 教 上78ページ 4、5　　20点(1つ10)

① 対角線を1本かき入れて、2つの三角形に分けましょう。

② 分けられた2つの三角形は、どんな三角形ですか。

(　　　　　　)

きほんのドリル 21。

合かく 80点 /100

⑥ 小 数

1 小数の表し方

[0.1 は 1 を 10 等分した 1 こ分、0.01 は 0.1 を 10 等分した 1 こ分です。]

1 □にあてはまる数をかきましょう。 教 上85ページ1、86ページ3 70点(□1つ7)

① 右の色水のかさを、L を単位(たんい)にして表します。

1 L の $\frac{1}{10}$ は0.1 L、0.1 L の $\frac{1}{10}$ は ㋐[0.01] L（れい点れい一(いち)リットル）

だから、 0.1 L が 3 こ分で 0.3 L

0.01 L が 5 こ分で ㋑[　] L

あわせて ㋒[　] L

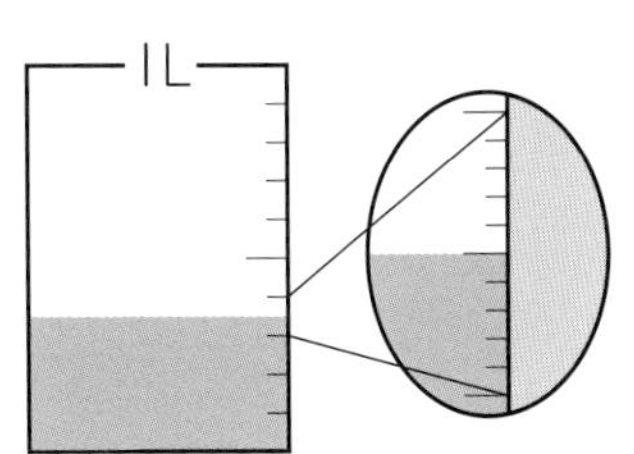

② 1000 m……… 1 km

100 m……… 1 km の $\frac{1}{10}$ ……… ㋐[　] km

10 m……… 0.1 km の $\frac{1}{10}$ ……… ㋑[　] km

1 m………0.01 km の $\frac{1}{10}$ ……… ㋒[0.001] km

③ 3726m は、1km が 3 こ分で 3km

0.1km が 7 こ分で ㋐[　] km

0.01km が 2 こ分で ㋑[　] km

0.001km が 6 こ分で ㋒[　] km

あわせて ㋓[　] km

長さ km と同じように重さでも
1 kg の $\frac{1}{10}$ …0.1 kg
0.1 kg の $\frac{1}{10}$ …0.01 kg
0.01kg の $\frac{1}{10}$ …0.001kg
なんだね。

2 次の長さや重さを[ ]の中の単位にして表しましょう。 教 上86ページ4、5

30点(1つ5)

① 2845m[km] (　　　)　② 6.025km[m] (　　　)

③ 674m[km] (　　　)　④ 8449g[kg] (　　　)

⑤ 1920g[kg] (　　　)　⑥ 0.492kg[g] (　　　)

教科書 上84〜86ページ

⑥ 小　数

2　小数のしくみ

[1 は 0.1 の 10 倍です。0.1 は 1 の 10 分の 1 です。]

1 □にあてはまる数をかきましょう。 教 上87ページ1　40点(□1つ4)

1、0.1、0.01、0.001 の関係（かんけい）

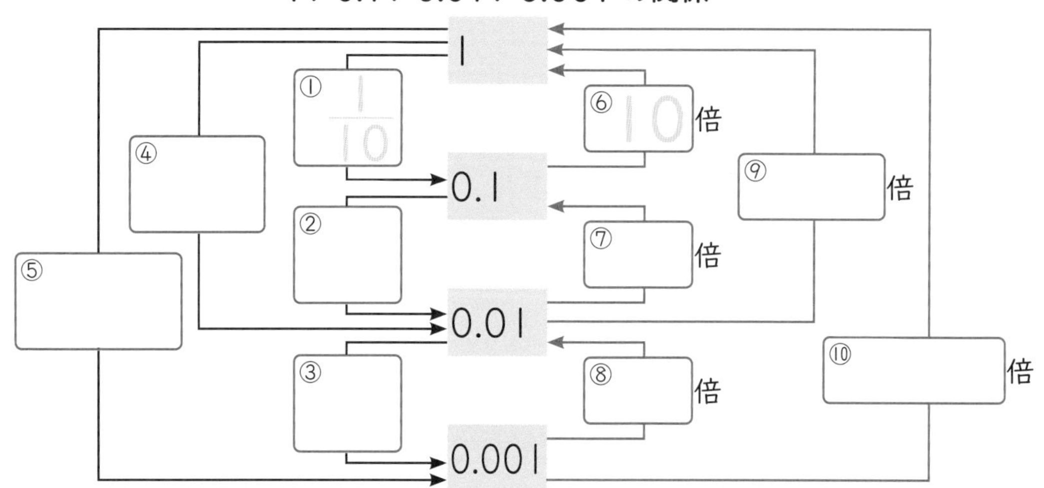

2 1.569 という数について答えましょう。 教 上88ページ3、89ページ△5
30点(1つ5、①は□1つ5)

① 1.569 は、1 を ㋐□ こ、0.1 を ㋑□ こ、0.01 を ㋒□ こ、0.001 を ㋓□ こあわせた数です。

② 6 は何の位（くらい）の数字ですか。　(　　　　)

③ $\frac{1}{1000}$ の位の数字は何ですか。　(　　　　)

3 次の問いに答えましょう。 教 上89ページ3㋑、4　20点(1つ10)

① 6.207 は、0.001 を何こ集めた数ですか。　(　　　　)

② 0.001 を 3429 こ集めた数をかきましょう。　(　　　　)

4 2.57 と 2.538 の大小をくらべ、不等号（ふとうごう）を使って式にかきましょう。
教 上91ページ△2　10点

(　　　　　　　　)

時間 15分　合かく 80点　／100

月　日

答え 85ページ

⑥ 小　数

3　小数のたし算・ひき算 ……(1)

[0.01 が何こかを考えて、たし算をします。]

1 3.25+2.54 の計算をします。□にあてはまる数をかきましょう。

教 上92ページ 1　20点(□1つ5)

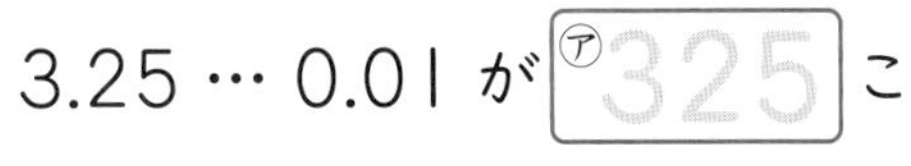

3.25 … 0.01 が ㋐ 325 こ

2.54 … 0.01 が ㋑ □ こ

あわせて 0.01 が ㋒ □ こ

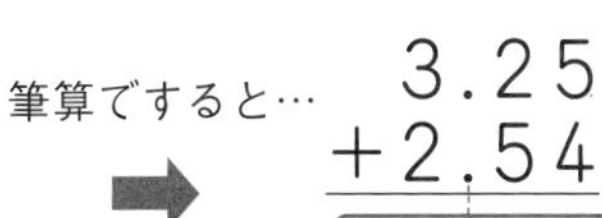

筆算ですると…

$$\begin{array}{r} 3.25 \\ +\,2.54 \\ \hline \end{array}$$

㋓ 5.79

2 5.68−3.26 の計算をします。□にあてはまる数をかきましょう。

教 上92ページ 2　20点(□1つ5)

5.68 … 0.01 が ㋐ 568 こ

3.26 … 0.01 が ㋑ □ こ

ひいて　0.01 が ㋒ □ こ

筆算ですると…

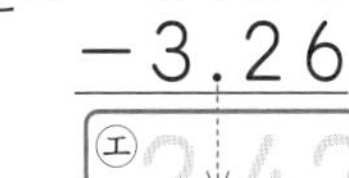

$$\begin{array}{r} 5.68 \\ -\,3.26 \\ \hline \end{array}$$

㋓ 2.42

3 次の計算をしましょう。　教 上92ページ 3、4　60点(1つ10)

① $\begin{array}{r} 1.36 \\ +\,5.12 \\ \hline 6.48 \end{array}$　② $\begin{array}{r} 3.38 \\ +\,5.47 \\ \hline \end{array}$　③ $\begin{array}{r} 1.07 \\ +\,9.02 \\ \hline \end{array}$

④ $\begin{array}{r} 6.81 \\ -\,3.25 \\ \hline \end{array}$　⑤ $\begin{array}{r} 7.32 \\ -\,5.48 \\ \hline \end{array}$　⑥ $\begin{array}{r} 3.02 \\ -\,0.95 \\ \hline \end{array}$

きほんのドリル 24。

時間 15分　合かく 80点　／100

月　日

サクッとこたえあわせ

答え 85ページ

⑥ 小数

3 小数のたし算・ひき算 ……(2)

1 次の計算をしましょう。 教 上93ページ5　60点(1つ5)

① $5 + 7.86$

② $3.19 + 9$

③ $8.6 + 3.51$

④ $0.49 + 9.7$

⑤ $3.21 + 3.79$

⑥ $9.66 + 0.34$

⑦ $9.01 - 8.23$

⑧ $4.31 - 4.25$

⑨ $8.07 - 7.98$

⑩ $6.41 - 3.7$

⑪ $7 - 3.22$

⑫ $5 - 0.49$

2 次の計算を筆算でしましょう。 教 上93ページ6　40点(1つ10)

① 9.2+1.24　② 3.15+7.55

③ 6.41−5.52　④ 4.45−2.4

夏休みのホームテスト

25. 角とその大きさ／折(お)れ線グラフ

時間 15分　合かく 80点　／100

月　日

サクッとこたえあわせ　答え 85ページ

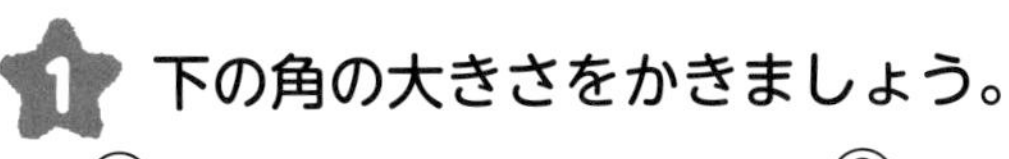

1 下の角の大きさをかきましょう。　30点(1つ10)

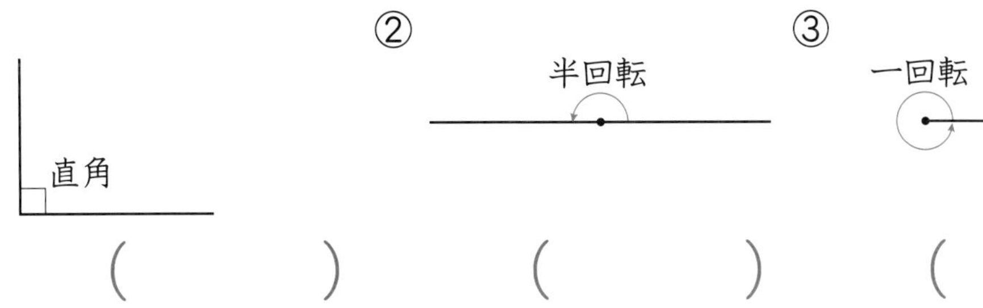

① (　　　)　② (　　　)　③ (　　　)

2 分度器(ぶんどき)の中心を点アにあわせて、次の大きさの角をかきましょう。　30点(1つ10)

① 75°　② 155°　③ 270°

ア　イ

ア　イ

ア　イ

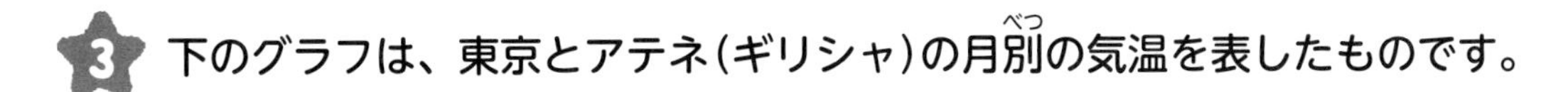

3 下のグラフは、東京とアテネ(ギリシャ)の月別(べつ)の気温を表したものです。　40点(1つ10)

東京とアテネの月別気温

(度) 気温 0 5 10 15 20 25 30

1 2 3 4 5 6 7 8 9 10 11 12 (月) 月

アテネ　東京

① 1月の東京とアテネの気温のちがいは何度ですか。

(　　　)

② 1年を通して気温が高いのはどちらですか。

(　　　)

③ 東京とアテネの気温が2度ちがうのは何月と何月ですか。

(　　　と　　　)

④ 8月から9月までの間は折れ線グラフが1本になっています。なぜですか。

(　　　　　　　　　)

夏休みのホームテスト

26.

合かく 80点 /100

1けたでわるわり算の筆算
一億(おく)をこえる数

1 次のわり算をしましょう。 40点(1つ5)

① 2)58　② 5)60　③ 6)79　④ 7)90

⑤ 9)243　⑥ 6)642　⑦ 7)869　⑧ 4)323

2 数字でかきましょう。 50点(1つ10)

① 六億三千九百五十万 (　　　　)

② 八兆(ちょう)四百七億 (　　　　)

③ 1兆を3こ、1億を295こあわせた数 (　　　　)

④ 7000万を10倍した数 (　　　　)

⑤ 9兆を10でわった数 (　　　　)

3 29×16=464を使って、次の答えを求(もと)めましょう。 10点(1つ5)

① 2900×1600 (　　　　)

② 29万×16万 (　　　　)

時間 15分　合かく 80点　／100

月　日

答え 86ページ

垂直(すいちょく)・平行と四角形／小　数

1 下の図に、点A(エー)を通って直線㋐に垂直な直線と、点B(ビー)を通って直線㋑に平行な直線をかきましょう。　20点(1つ10)

① •A

②

•B

2 下の図を見て答えましょう。　40点(1つ10)

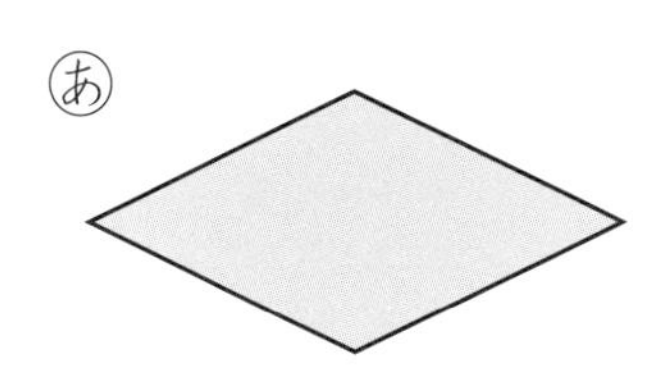

㋒

① それぞれの四角形に対角線(たいかくせん)をひきましょう。

② 対角線が垂直に交わるものをすべて答えましょう。（　　　）

3 次の長さや重さを[　]の中の単位(たんい)にして表しましょう。　10点(1つ5)

① 830m[km]　（　　　）

② 3.29kg[g]　（　　　）

4 次の計算をしましょう。　30点(1つ5)

① $\begin{array}{r} 0.94 \\ +4.35 \\ \hline \end{array}$　② $\begin{array}{r} 4.59 \\ +5.43 \\ \hline \end{array}$　③ $\begin{array}{r} 6 \\ +5.73 \\ \hline \end{array}$

④ $\begin{array}{r} 6.21 \\ -2.28 \\ \hline \end{array}$　⑤ $\begin{array}{r} 7.26 \\ -4.3 \\ \hline \end{array}$　⑥ $\begin{array}{r} 8 \\ -0.14 \\ \hline \end{array}$

15分 | 合かく 80点 | /100

月　日

⑦ 2けたでわるわり算の筆算

1 何十でわるわり算

[何十でわるわり算は 10円玉を使って考えます。]

60÷20 の計算のしかた

10円玉で考えると、
6÷2
とかんたんに計算
できるね。

1 次のわり算をしましょう。 教 上103ページ 2、4　30点(1つ5)

① 80÷40　② 70÷10　③ 50÷50

④ 280÷70　⑤ 450÷50　⑥ 300÷60

[あまりのあるわり算では、あまりの大きさに気をつけます。]

50÷20 ➡ 5÷2=2 あまり 1 ➡ 50÷20=2 あまり 10

あまり 10 が 1 こ

2 90÷20 を計算しましょう。 教 上104ページ 1　30点(□1つ5)

90÷20=①□ あまり ②□

わる数 × 商 + あまり = わられる数 の式で答えをたしかめましょう。

③□ × ④□ + ⑤□ = ⑥□

3 次のわり算をしましょう。 教 上104ページ 2、105ページ 5　40点(1つ5)

① 60÷40　② 90÷60　③ 70÷20

④ 550÷80　⑤ 730÷90　⑥ 480÷50

⑦ 260÷30　⑧ 500÷70

合かく 80点　　/100

⑦ 2けたでわるわり算の筆算
2 商(しょう)が１けたになる筆算 ……(１)

[(2 けた)÷(2 けた) の筆算は、次のようにします。]

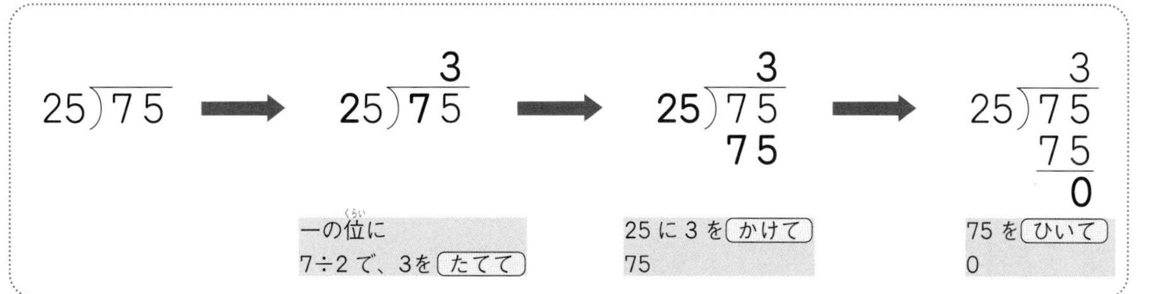

1 次の計算をしましょう。 教 上107ページ 3、4　　60点(1つ20)

①

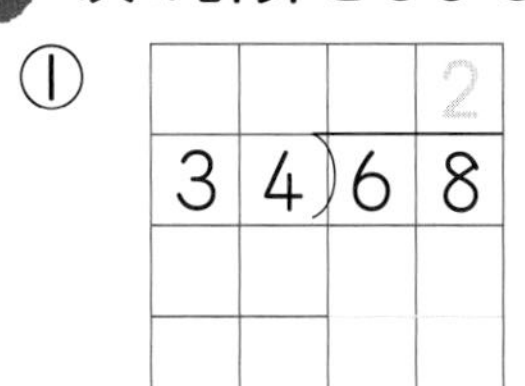

② 22)88

③ 24)72

[(3 けた)÷(2 けた) の筆算は、次のようにします。]

52)468 の上に 9 → 52)468 の上に 9、468 → 52)468 の上に 9、468、0

一の位に
46÷5 で、9を たてて

52 に 9 を かけて
468

468 を ひいて
0

2 次の計算をしましょう。 教 上108ページ 7、8　　40点(1つ20)

①

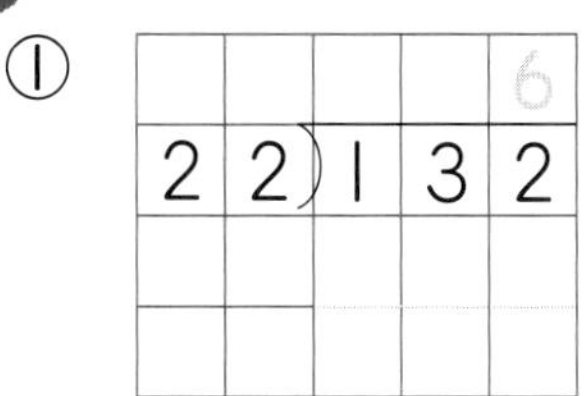

② 63)379

教科書 上106～108ページ

合かく 80点　／100

⑦ 2けたでわるわり算の筆算

2 商(しょう)が１けたになる筆算 ……(2)

[見当をつけた商が大きすぎたときは、１小さい商をたてて計算してみます。]

59)413 → 41÷5で8をたてる → 59)413 商8、472 大きすぎる → 商を1小さくする → 59)413 商7、413、0

1 次の計算をしましょう。 教上109ページ1、2　　90点(1つ10)

① 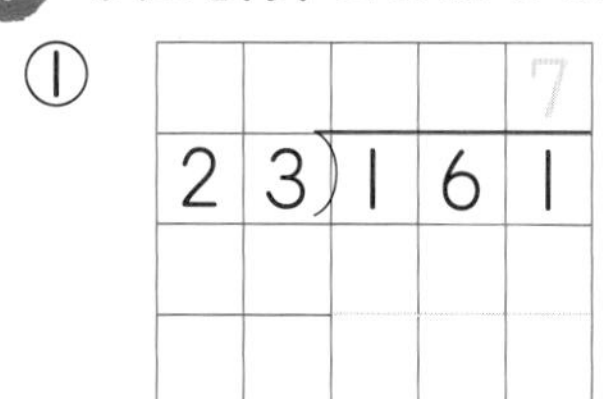

② 34)272　③ 46)368

④ 15)90　⑤ 47)329　⑥ 58)406

⑦ 56)504　⑧ 78)702　⑨ 16)112

2 196このおかしを、クラスの28人で同じ数ずつ分けます。
１人に何こずつ分ければよいでしょうか。 教上109ページ

10点(式5・答え5)

式

答え (　　　　)

時間15分　合かく80点　/100

月　日

⑦ 2けたでわるわり算の筆算

3 商(しょう)が2けた、3けたになる筆算 ……(1)

[商が十の位(くらい)からたつわり算の筆算は、次のようにします。]

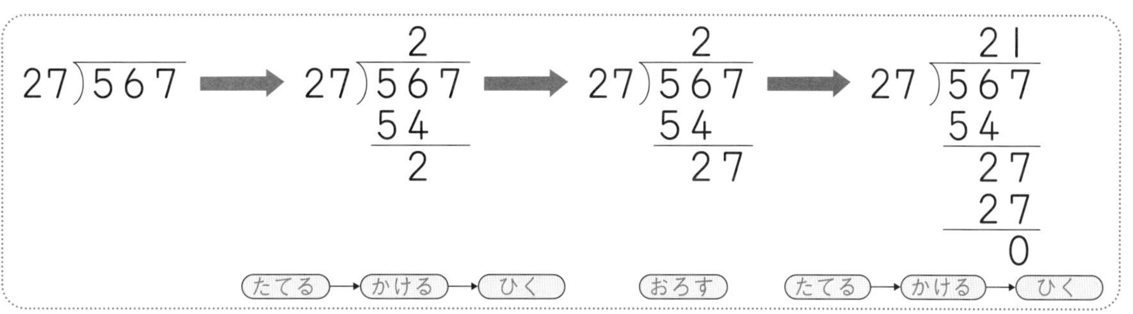

1 次の計算をしましょう。　教上110ページ1、2　20点(1つ10)

① 25)875

② 38)780

2 次の計算をしましょう。　教上110ページ3、4　80点(1つ10)

① 18)558　② 34)918　③ 27)432　④ 37)861

⑤ 42)925　⑥ 19)609　⑦ 25)765　⑧ 36)720

合かく 80点 /100

月　日

⑦ 2けたでわるわり算の筆算

3 商(しょう)が2けた、3けたになる筆算 ……(2)

[わられる数が 4 けたになっても (3 けた)÷(2 けた) の計算と同じです。]

```
    4            42            421
14)5894  →  14)5894  →  14)5894
             56            56
              29            29
              28            28
               1             14
                             14
                              0
```

たてる→かける→ひく→おろす のくり返し

1 次の計算をしましょう。 教 上111ページ5、6　　100点(1つ10)

① 23)3496　（商の1、23 はうすく印刷）

② 41)8927

③ 42)5166　④ 29)6264　⑤ 17)7395　⑥ 95)7692

⑦ 276)5244　⑧ 493)8381　⑨ 171)5437　⑩ 856)9483

合かく 80点　／100

月　日

サクッとこたえあわせ

答え 87ページ

⑦ 2けたでわるわり算の筆算
4 わり算のせいしつ ……(1)

［わり算では、わられる数とわる数に同じ数をかけても、わられる数とわる数を同じ数でわっても、商(しょう)は同じになります。］

1 次の式の答えはみんな4になります。□にあてはまる数をかきましょう。

教 上113ページ1　25点(□1つ5)

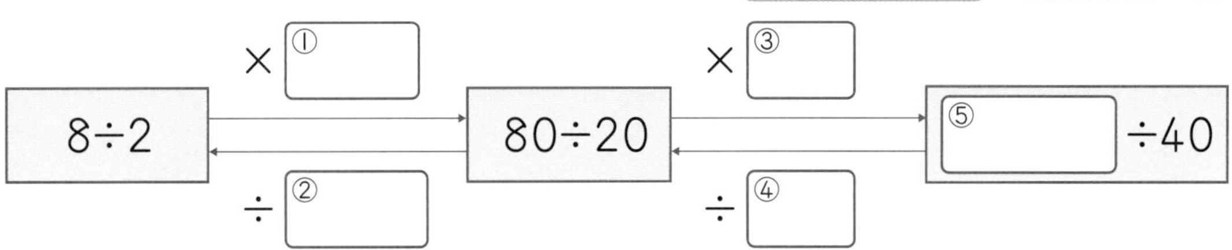

2 90÷15と商が同じになる式を、次の□から5つ選(えら)び、㋐～㋘の記号で答えましょう。 教 上113ページ1　25点(1つ5)

㋐ 900÷15	㋑ 900÷150	㋒ 90÷150
㋓ 180÷30	㋔ 180÷45	㋕ 18÷3
㋖ 30÷5	㋗ 270÷30	㋘ 360÷60

(　、　、　、　、　)

3 わり算のせいしつを使って、次の計算をしましょう。 教 上113ページ2

50点(1つ10)

① 800÷400　　② 2400÷600

③ 4000÷500　　④ 36万÷4万

⑤ 54万÷9万

わり算のせいしつは？

教科書 上113ページ

合かく 80点　　/100

月　日

⑦ 2けたでわるわり算の筆算

4　わり算のせいしつ ……(2)

1 8500÷250 を、わり算のせいしつを使って計算しました。
□にあてはまる数をかきましょう。 教 上114ページ1　　50点(□1つ5)

① 8500 ÷ 250
　↓　　　↓　÷ ㋐□
　850 ÷ 25
　↓　　　↓　÷ ㋑□
　170 ÷ 5

答え ㋒□

② 8500 ÷ 250

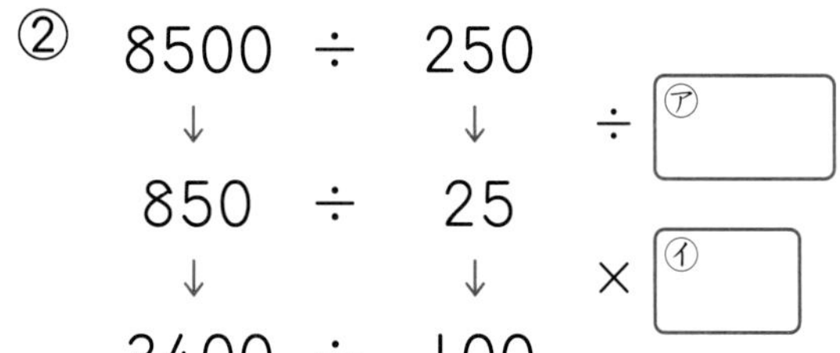
　↓　　　↓　÷ ㋐□
　850 ÷ 25
　↓　　　↓　× ㋑□
　3400 ÷ 100

答え ㋒□

③ 8500 ÷ 250
　↓　　　↓　÷ ㋐□
　850 ÷ 25
　↓　　　↓　÷ ㋑□
　170 ÷ 5
　↓　　　↓　× ㋒□
　340 ÷ 10

答え ㋓□

2 次のわり算をくふうして計算しましょう。 教 上114ページ△2　　50点(1つ10)

① 400÷25　　② 2300÷25　　③ 7000÷250

④ 5500÷250　　⑤ 9500÷250

時間 15分　合かく 80点　／100

月　日

⑦ 2けたでわるわり算の筆算

1 次の計算をしましょう。　60点(1つ6)

① 26)78　② 15)120　③ 34)306　④ 68)816

⑤ 81)972　⑥ 27)560　⑦ 46)845　⑧ 29)6351

⑨ 199)7960　⑩ 431)9317

2 次の計算をくふうしてしましょう。　20点(1つ5)

① 600÷300　② 5600÷800

③ 64万÷8万　④ 7500÷250

3 420このあめを15人で同じ数ずつ分けます。
1人に何こずつ分ければよいでしょうか。　20点(式10・答え10)

式

答え（　　　　）

教科書 上102～115ページ

15分　合かく 80点　/100

月　日

サクッとこたえあわせ

答え 88ページ

⑧ 式と計算の順(じゅん)じょ

1 いろいろな計算がまじった式

[いくつかの計算を 1 つの式にかくことができます。]

1 次の代金やおつりを求(もと)める計算を、（　）を使って、1 つの式にかきましょう。

教 上117ページ 1、118ページ 4　30点（式全部できて1つ10・答え5）

① 150 円のハンバーガー1 こと、110 円のジュース 2 本を買ったときの代金

式 □＋（110×2）＝□

答え □円

② 1 こ150円のハンバーガーを 3 こ買って、500円出したときのおつり

式 □－（□×□）＝□

答え □円

2 下の計算は、次の㋐、㋑、㋒のどの順でしますか。式の前の〔　〕に㋐、㋑、㋒を入れて、計算しましょう。　教 上119ページ 1、3

70点（〔　〕・□1つ5）

計算の順じょ

・ふつう、左から順にします。――㋐

・（　）があるとき、（　）の中をさきにします。――㋑

・＋、－と、×、÷とでは、×、÷をさきにします。――㋒

① 〔　　〕32+8×2=□　② 〔　　〕(32+8)×2=□

③ 〔　　〕32−8+2=□　④ 〔　　〕32−(8+2)=□

⑤ 〔　　〕32+8÷2=□　⑥ 〔　　〕32×8÷2=□

⑦ 〔　　〕32÷(8÷2)=□

合かく 80点 /100

⑧ 式と計算の順(じゅん)じょ

2 計算のきまり

[計算のきまりを使ってくふうすると、計算がかんたんになります。]

計算のきまり

(■＋●)×▲＝■×▲＋●×▲、(■－●)×▲＝■×▲－●×▲

たし算：■＋●＝●＋■、(■＋●)＋▲＝■＋(●＋▲)

かけ算：■×●＝●×■、(■×●)×▲＝■×(●×▲)

1 □にあてはまる数をかきましょう。 教 上120～121ページ1

60点(全部できて1つ10)

① 45+92=□+45

② 30×20=20×□

③ (25+75)×6=25×□+75×□

④ (18+22)+31=18+(22+□)

⑤ (26×8)×2=26×(□×2)

⑥ 60×4−40×4=(60−□)×4

2 くふうして、次の計算をしましょう。 教 上122ページ1、123ページ2、3

40点(全部できて1つ10)

① 45+32+68=45+(32+68)=45+□=□

② 21+64+79

③ 25×24=25×(4×6)=(25×□)×6=□

④ 106×12

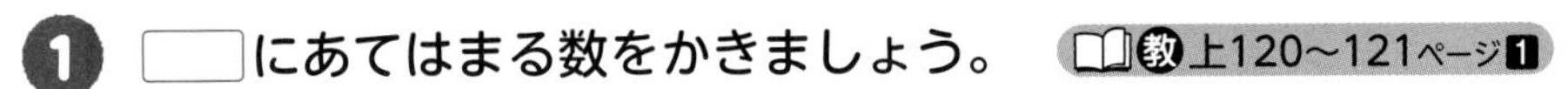

合かく 80点　　/100

月　日

⑧ 式と計算の順(じゅん)じょ

3 式のよみ方／4 計算の間の関係

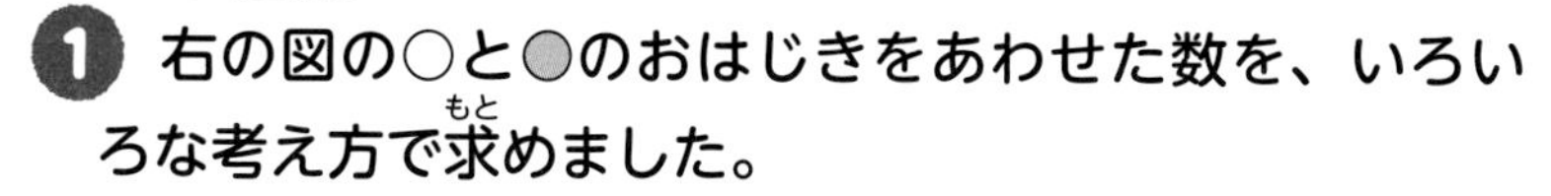

⚠ミスに注意！

1 右の図の○と●のおはじきをあわせた数を、いろいろな考え方で求(もと)めました。

①～③ の式は、それぞれ下の㋐～㋒のどの図で考えたものですか。記号で答えましょう。

教 上124ページ 1　60点(1つ20)

① $2\times7+3\times7$ (　　　)

② $(2+3)\times7$ (　　　)　③ $7\times2+7\times3$ (　　　)

㋐
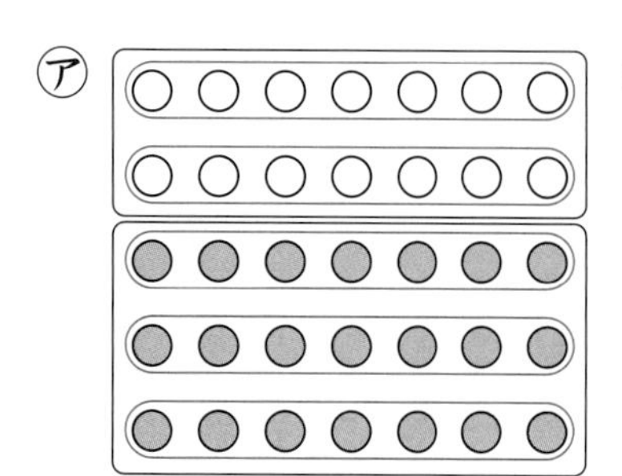

㋑
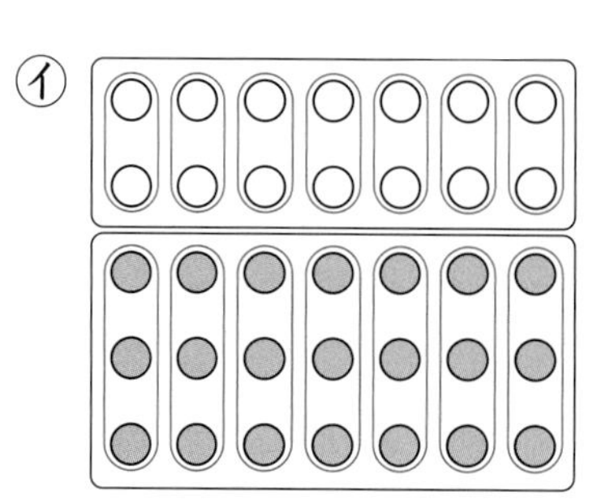

㋒
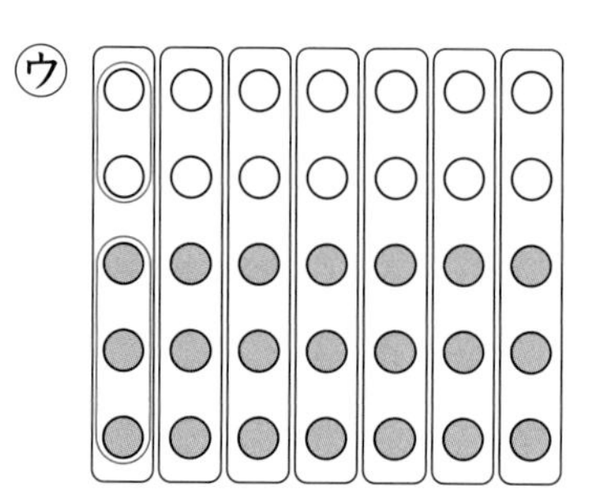

[□＋24＝40 の□は、24 をたすと 40 になるので 40 から 24 をひきます。]

2 □の数はどんな計算で求められますか。□にあてはまる数を求めましょう。

教 上125ページ 3　40点(式5・答え5)

① □＋32＝60

□ ―32 をたす→ 60
←32 をひく―

式 □＝60－32　　答え (28)

② □－17＝72

式　　答え (　　　)

③ □×9＝45

式 □＝45÷9　　答え (　　　)

④ □÷5＝35

式　　答え (　　　)

月　日

⑨ 割　合

1　倍の見方

1 ボール投げで、けんじさんは15m、妹は3m投げました。けんじさんは、妹の何倍投げましたか。 教 上129ページ 1 40点(式20・答え20)

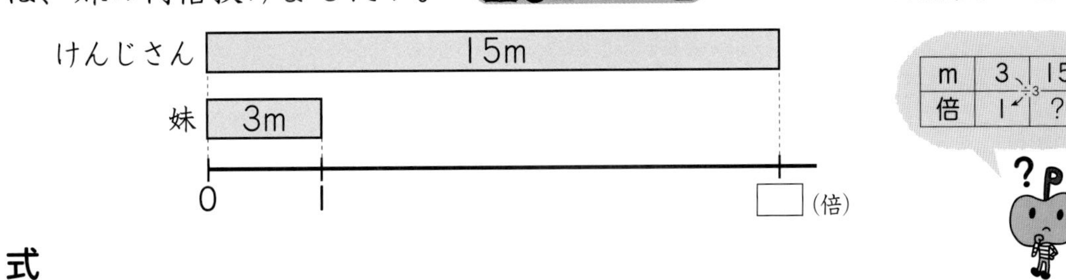

式

答え（　　　　　）

2 小、中、大の3つのサイズのハンバーグがあります。

教 上132ページ 5、133ページ 6 60点(式15・答え15)

① 中サイズの重さ100gの4倍が大サイズの重さです。大サイズの重さは何gですか。

4倍
中 → 大
100g　□g

式

答え（　　　　　）

② 小サイズの重さの8倍が大サイズの重さです。小サイズの重さは何gですか。

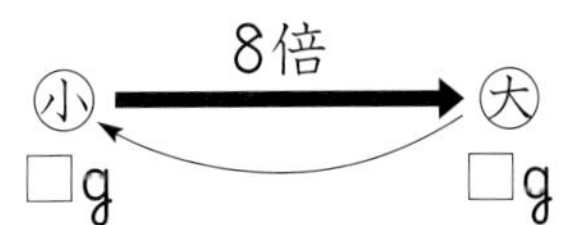

式

答え（　　　　　）

合かく 80点　／100

⑨ 割　合

2　何倍になるかを考えて

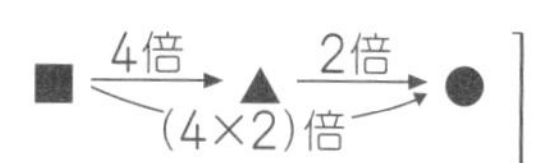

［●は▲の２倍、▲は■の４倍とすると、●は■の(4×2)倍です。　■ 4倍→ ▲ 2倍→ ●（(4×2)倍）］

1 チョコレートのねだんは240円で、これはガムのねだんの３倍です。
　ガムのねだんはあめのねだんの２倍です。
　いろいろな考え方で、あめのねだんを求めます。

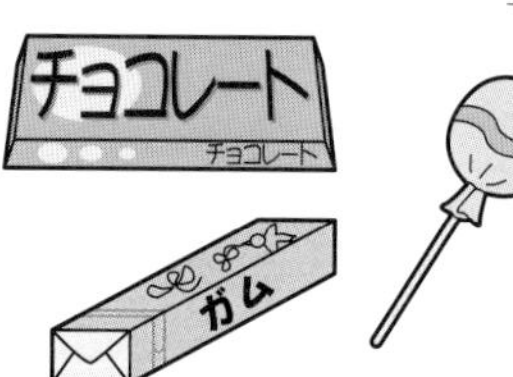

教 上134ページ1、135ページ1　75点(①□・(　)1つ5、②・③式15・答え10)

①　図にかいて考えます。□におかしの名前を、(　)に数をかきましょう。

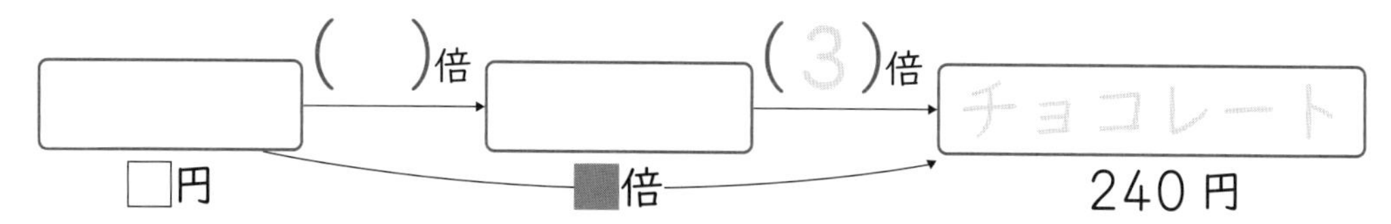

②　ガムのねだんを求めてから、あめのねだんを求めましょう。

式　240÷3=80　80÷2=40

答え（　　　　）

③　チョコレートのねだんがあめのねだんの何倍になるかを求めてから、あめのねだんを求めましょう。

式　2×3=6　240÷6=40

答え（　　　　）

2 まことさんのもっているカードの数は130まいで、これはただしさんのもっているカードの数の２倍です。
　ただしさんのもっているカードの数は、ひろしさんのもっているカードの数の５倍です。
　ひろしさんのもっているカードは何まいですか。　教 上135ページ2、3

25点(式15・答え10)

式

答え（　　　　）

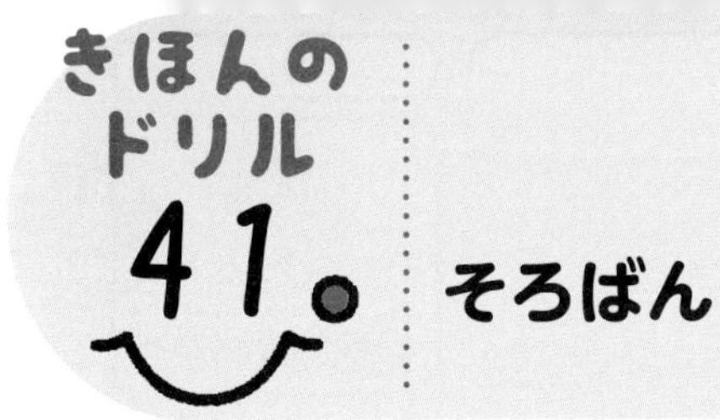

41. そろばん

時間 15分　合かく 80点　／100

月　日

答え 89ページ

［定位点のあるけたを一の位とし、右へ順に $\frac{1}{10}$ の位、$\frac{1}{100}$ の位、…とします。］

1 ↓のところを一の位として、次の数をよみ、数字でかきましょう。

教 上136ページ 1　40点（1つ10）

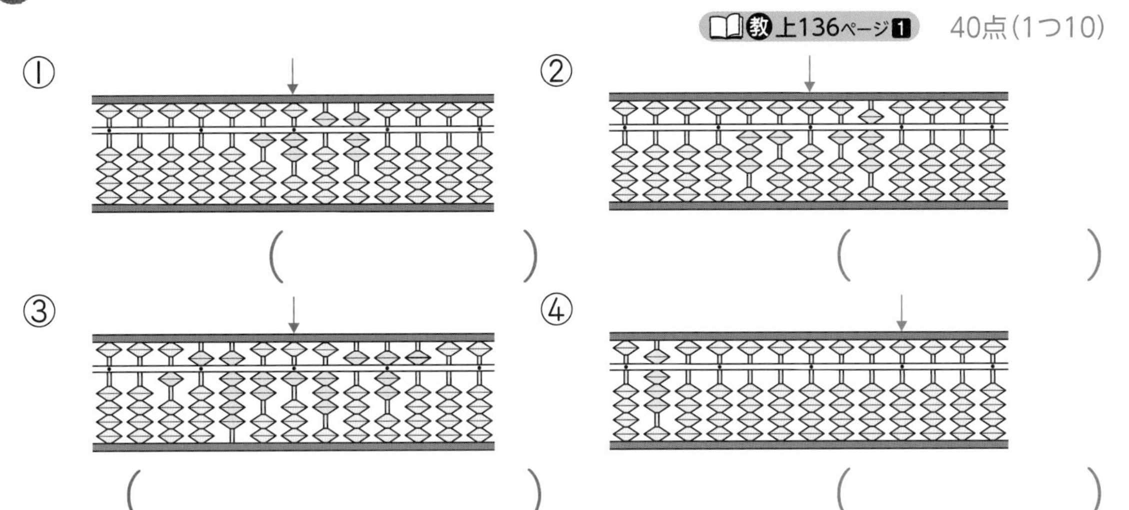

①（　　　）　②（　　　）

③（　　　）　④（　　　）

2 次のそろばんでは、どんな計算をしていますか。↓のところを一の位として、式と答えをかきましょう。 教 上136ページ 2　30点（式10・答え5）

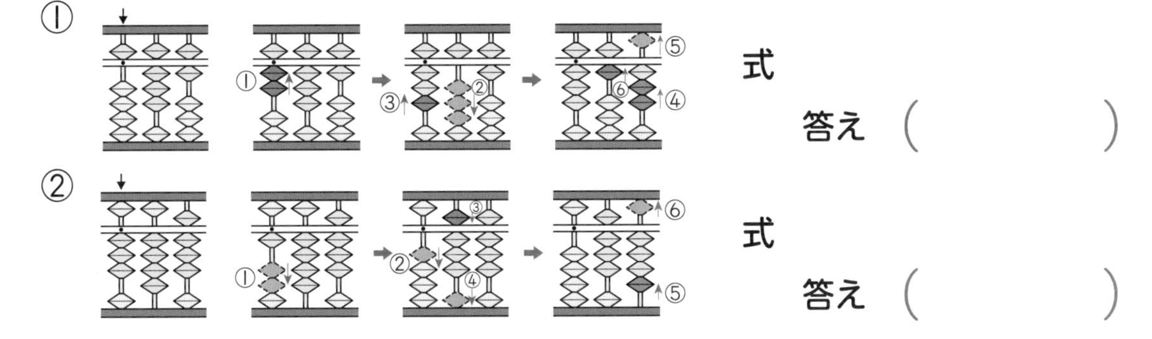

① 式

答え（　　　）

② 式

答え（　　　）

3 次の計算をしましょう。 教 上137ページ 4、5　30点（1つ5）

① 1.82+5.28

② 3.46−0.79

③ 25億+54億

④ 91兆−38兆

⑤
```
  13
  41
 −35
  18
  53
```

⑥
```
  4.8
  2.3
 −5.2
 −1.3
  8.6
```


教科書 上136～137ページ

合かく 80点 /100

月　日

⑩ 面積

1 面積

[1辺が1cmの正方形の面積を1cm²(1平方センチメートル)といいます。]

1 次の図形の面積を求めます。□にあてはまる数をかきましょう。　教 下4～5ページ1　20点(□1つ10)

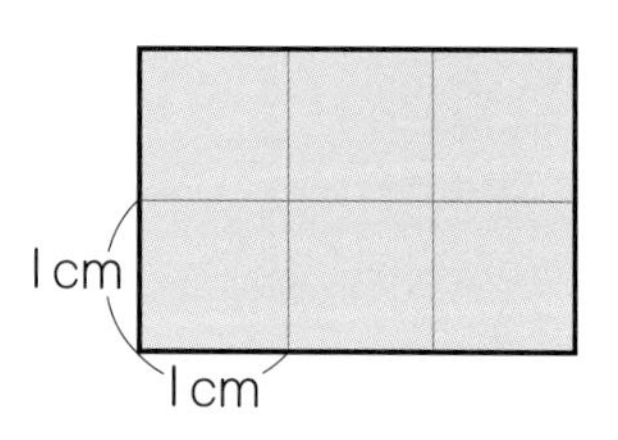

この長方形は1cmの正方形が①6こ分なので、面積は②□cm²です。

[長方形や正方形の面積は、次の公式を使って求めます。]

長方形の面積＝たて×横
正方形の面積＝1辺×1辺

長方形の面積＝横×たて
でもいいよ。

2 公式を使って、次の面積を求めましょう。　教 下6～7ページ1　40点(□1つ5)

①

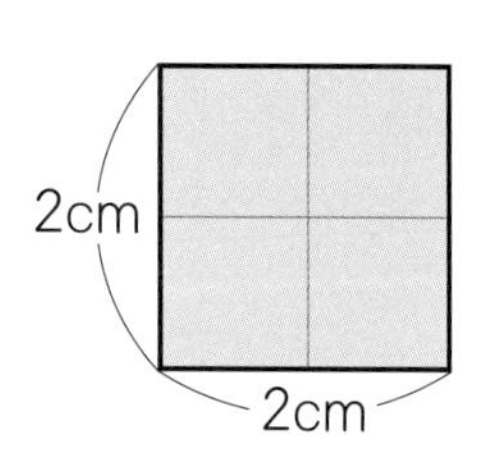

式 2 × 4 ＝ □

答え □cm²

②

2cm
2cm

式 □ × □ ＝ □

答え □cm²

3 公式を使って、次の面積を求めましょう。　教 下7ページ2　40点(式10・答え10)

① たて20cm、横15cmの長方形の面積

式

答え (　　　　)

② 1辺が12cmの正方形の面積

式

答え (　　　　)

時間 15分　合かく 80点　/100

月　日

⑩ 面積（めんせき）
2 面積の求め方のくふう

[いろいろな図形の面積は、いくつかの長方形や正方形に分けて求めます。]

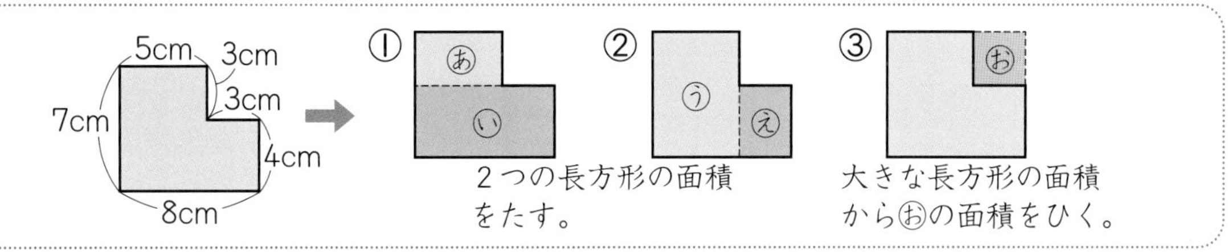

1 上の図形の面積を、①、②、③ の考え方で求めましょう。 教 下8〜9ページ 1

60点(全部できて式1つ5・答え5)

① ㋐の面積　3 × □ = □ (cm^2)

㋑の面積　4 × □ = □ (cm^2)

図形の面積　□ + □ = □ (cm^2)　　答え □ cm^2

② ㋒の面積　7 × □ = □ (cm^2)

㋓の面積　4 × □ = □ (cm^2)

図形の面積　□ + □ = □ (cm^2)　　答え □ cm^2

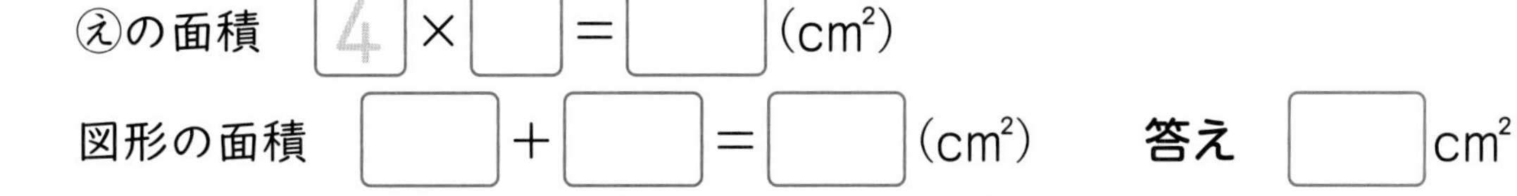

③ 大きな長方形の面積　7 × □ = □ (cm^2)

㋔の面積　□ × □ = □ (cm^2)

図形の面積　□ − □ = □ (cm^2)　　答え □ cm^2

⚠ミスに注意！

2 次の図形の面積を求めましょう。 教 下9ページ 2　　40点

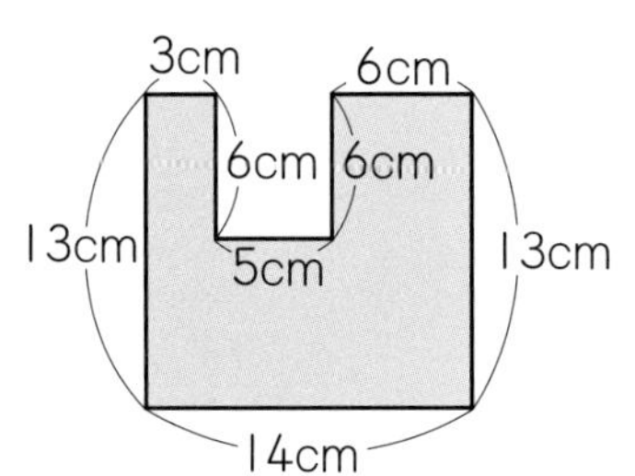

（　　　　　）

⑩ 面積
3 大きな面積 ……(1)

[1辺が1mの正方形の面積を1m²(1平方メートル)といいます。]

1 教室の大きさをはかると、たてが8m、横が7mの長方形でした。この教室のゆかの面積を求めましょう。 教 下10ページ1　30点(式全部できて20・答え10)

式 8 × □ = □

答え □ m²

2 花だんの大きさをはかると、1辺が4mの正方形でした。この花だんの面積を求めましょう。 教 下10ページ2　30点(式20・答え10)

式

答え (　　　)

3 1m²が何cm²かを求めます。□にあてはまる数をかきましょう。 教 下11ページ4　20点(□1つ5)

1辺が1mの正方形の面積を考えると1m²です。

それを、1辺が ①100 cmの正方形で考えると、

100× ②□ = ③□

したがって、1m²= ④□ cm²

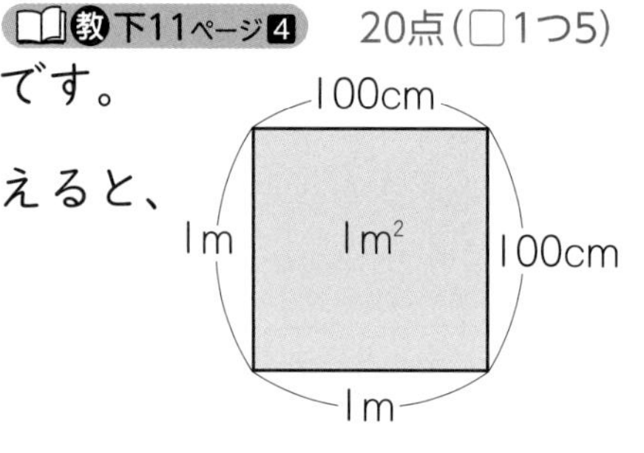

[面積を求めるときは、長さの単位をそろえます。]

4 たて100cm、横5mのかべの面積を求めましょう。 教 下11ページ3、5　20点(式5・答え5)

① かべの面積は何cm²ですか。

式

答え (　　　)

② かべの面積は何m²ですか。

式

答え (　　　)

合かく 80点 /100

⑩ 面積（めんせき）
3 大きな面積 ……(2)

[1辺（ぺん）が1kmの正方形の面積を1km²(1平方（へいほう）キロメートル)といいます。]

1 南北5km、東西4kmの長方形の形をした土地の面積を求（もと）めましょう。

教 下13ページ1　20点(式全部できて10・答え10)

式 [5]×[　]=[　]

答え [　]km²

2 1辺が8kmの正方形の形をした土地の面積を求めましょう。

教 下13ページ1　20点(式全部できて10・答え10)

式 [　]×[　]=[　]

答え [　]km²

3 1km²は何m²かを求めます。[　]にあてはまる数をかきましょう。

教 下13ページ2　20点(□1つ10)

1辺が1kmの正方形の面積を考えると1km²です。

それを、1辺が1000mの正方形で考えると、

1000×1000=[①　]

したがって、1km²=[②　]m²

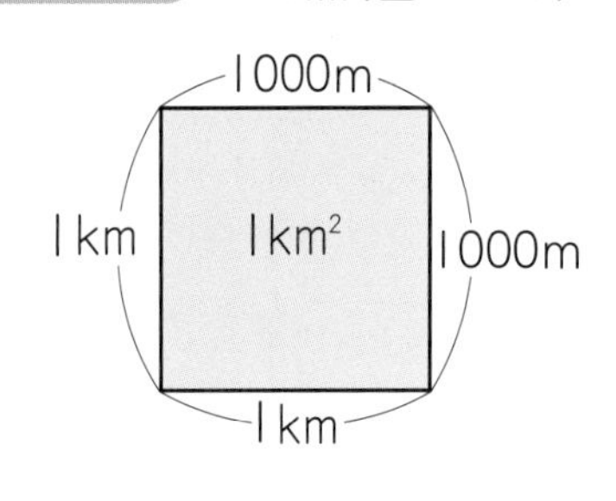

4 次の形をした土地の面積を求めましょう。 教 下13ページ3　40点(1つ20)

① たて12km、横7kmの長方形

(　　　　)

② 1辺15kmの正方形

(　　　　)

教科書 下13ページ

合かく 80点 ／100

月　日

サクッとこたえあわせ 答え 89ページ

⑩ 面積

4 面積の単位の関係

[大きな面積の単位に a（アール）や ha（ヘクタール）があります。]

1 次の□にあてはまる数をかきましょう。 教 下14ページ 1 20点（□1つ10）

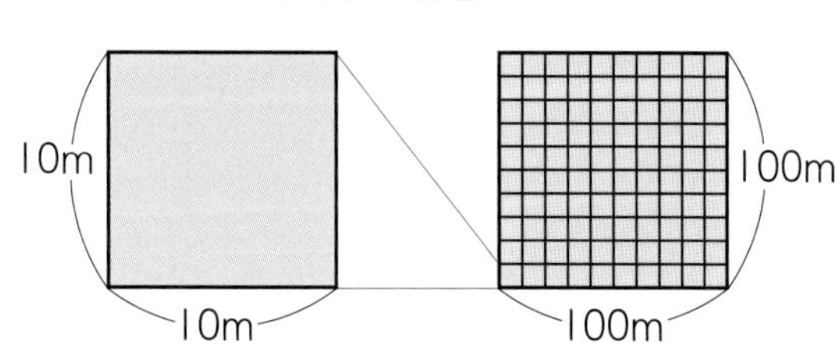

１辺が ①10 m の正方形の面積を 1a（1 アール）といいます。

１辺が ②□ m の正方形の面積を 1ha（1 ヘクタール）といいます。

2 次の面積を、a、ha を使って表しましょう。 教 下14ページ 1 50点（□1つ5）

① たて 20m、横 40m の長方形の形をした畑

1a
20m
40m

1a の面積がたてに 2 こ、横に ㋐□ こなので、

㋑2 × ㋒4 = ㋓□

答え ㋔□ a

② １辺が 300m の正方形の形をした山林

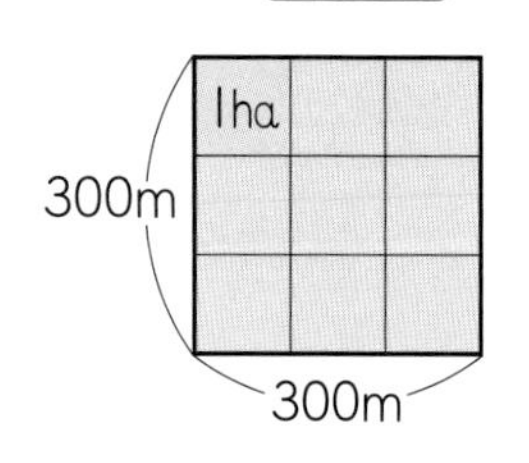

300m

1ha の面積が１辺に ㋐□ こずつなので、

㋑□ × ㋒□ = ㋓□

答え ㋔□ ha

3 次の□にあてはまる数をかきましょう。 教 下15ページ 2 30点（1つ10）

① 1a = □ m^2　　② 1ha は 1a の □ 倍

③ 1km^2 は 1ha の □ 倍

教科書 下14〜15ページ

まとめのドリル 47。

⑩ 面積

時間 15分 合かく 80点 /100

月　日

1 次の□にあてはまる数やことばをかきましょう。 40点(全部できて1つ10)

① 長方形の面積＝□×□

② 正方形の面積＝□×□

③ 1m^2＝□cm^2　④ 1km^2＝□m^2

2 次の面積を求めましょう。 30点(1つ10)

① 1辺が18cmの正方形の折り紙 (　　)

② たて5m、横12mの長方形の花だん (　　)

③ たて7km、横8kmの長方形の町 (　　)

3 面積が72cm^2の長方形をかこうと思います。横の長さを6cmとすると、たての長さは何cmになるでしょうか。 10点(式5・答え5)

式

答え (　　)

ミスに注意！

4 次の図形の面積を求めましょう。 20点(1つ10)

①

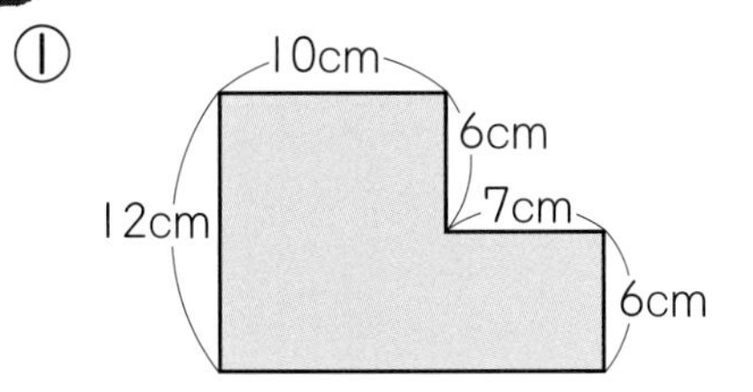

②

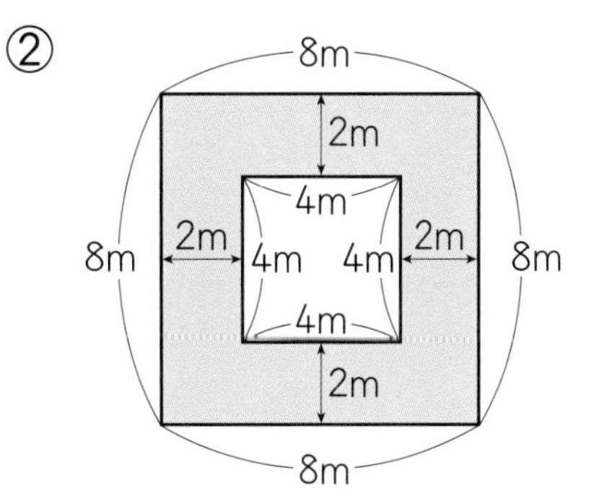

(　　)　(　　)

教科書 下2～17ページ

合かく 80点 /100

月　日

サクッとこたえあわせ

答え 90ページ

⑪ がい数とその計算
1 がい数の表し方 ……(1)

［およその数のことをがい数といい、がい数にするときは四捨五入（ししゃごにゅう）を使います。］

1 次の□にあてはまる数やことばをかきましょう。 教 下19～20ページ 1

30点（□1つ5）

① 2694 を四捨五入で千の位（くらい）までのがい数にすると、百の位の数字が ㋐□ だから、切り ㋑上げ て、㋒□ となります。

数直線を使って考えてみよう。

2000　3000

2694

② 5382 を四捨五入で千の位までのがい数にすると、百の位の数字が ㋐□ だから、切り ㋑捨て て、㋒□ となります。

［上から１けたのがい数にするときは、上から２つ目の位を四捨五入します。］

2 次の数をがい数で表します。□にあてはまる数やことばをかきましょう。

教 下21ページ 3 30点（□1つ5）

① 8473　四捨五入で上から１けたのがい数にするとき、上から２つ目の位の数字が ㋐□ だから、切り ㋑□ て、㋒□ となります。

② 51790　四捨五入で上から２けたのがい数にするとき、上から３つ目の位の数字が ㋐□ だから、切り ㋑□ て、㋒□ となります。

3 四捨五入で、上から２けたのがい数にしましょう。 教 下21ページ 4

40点（1つ10）

① 25429　（　　　　）

② 918239　（　　　　）

③ 7549900　（　　　　）

④ 6984　（　　　　）

教科書 下18～21ページ

合かく 80点 /100

月 日

サクッとこたえあわせ

答え 90ページ

⑪ がい数とその計算
1 がい数の表し方 ……(2)

[はんいを表すことばに、以上(いじょう)、未満(みまん)、以下(いか)があります。]

以上……○以上とは、○に等しいか、それより大きい数
未満……○未満とは、○より小さい数(○はいらない)
以下……○以下とは、○に等しいか、それより小さい数

1 四捨五入(ししゃごにゅう)で、百の位(くらい)までのがい数にしたとき、600 になる整数のはんいを考えます。数直線を見て答えましょう。 教 下22ページ1 40点(□1つ5)

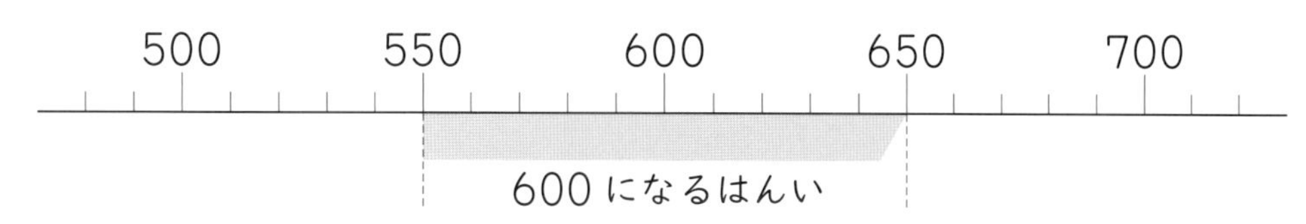

549 は十の位で四捨五入すると ① [　　] です。

550 は十の位で四捨五入すると ② [　　] です。

649 は十の位で四捨五入すると ③ [　　] です。

650 は十の位で四捨五入すると ④ [　　] です。

答え ⑤ [　　] 以上 ⑥ [　　] 以下、⑦ [　　] 以上 ⑧ [　　] 未満

2 次の表は、ある球場の 4 日間の入場者数を表したものです。これを四捨五入で千の位までのがい数にして、右のぼうグラフに表しましょう。

教 下23ページ1 60点(各(かく)曜日1つ15)

球場の入場者数

曜日	入場者数（人）
木	10395
金	18762
土	29520
日	25483

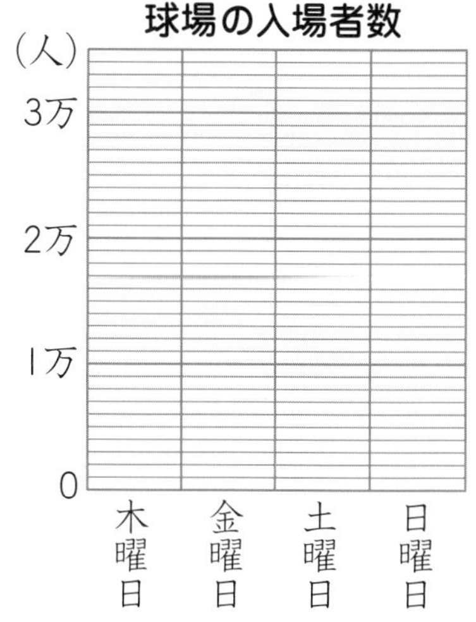

15分　合かく 80点　／100

月　日

⑪ がい数とその計算

2　がい数の計算 ……(1)

[がい数についての計算をがい算(さん)といいます。]

1 プリンタのねだんは 26520 円、デジタルカメラのねだんは 46480 円です。

教 下24～25ページ1

① プリンタのねだんは約何万何千円ですか。　10点

(　　　　　　)

② デジタルカメラのねだんは約何万何千円ですか。　10点

(　　　　　　)

③ プリンタとデジタルカメラの代金は約何万何千円ですか。①と②で求(もと)めたねだんを用いて求めましょう。　20点(式10・答え10)

式

(　　　　　　)

④ プリンタとデジタルカメラのねだんのちがいは約何万何千円ですか。代金と同じようにして求めましょう。　20点(式10・答え10)

式

(　　　　　　)

2 かい中電灯(でんとう)のねだんは 1980 円、ドライヤーのねだんは 6250 円です。かい中電灯とドライヤーの代金とねだんのちがいは約何千何百円になりますか。がい算で求めましょう。　教 下25ページ2

40点(代金・ちがいの式1つ10、代金・ちがいの答え1つ10)

式 かい中電灯　約 2000 円、ドライヤー　約 6300 円
代金
ちがい

答え 代金 (　　　　　　)　ちがい (　　　　　　)

合かく 80点 /100

月　日

答え 90ページ

サクッとこたえあわせ

⑪ がい数とその計算

2 がい数の計算 ……(2)

ふくざつなかけ算の積(せき)を見積(みつ)もるときは、ふつう、かけられる数もかける数も、上から1けたのがい数にして計算します。

1 615×273 を見積もりましょう。 教 下26ページ1

40点(①1つ10、②式10・答え10)

① 615 と 273 を上から1けたのがい数にしましょう。

上から1けたのがい数にするときは、上から2けた目を四捨五入(ししゃごにゅう)するんだったよ。

615 (　　　　)

273 (　　　　)

② 615×273 を見積もりましょう。

式

答え (　　　　　　　　)

2 あるデパートで、1こ 860 円のチーズケーキが、1週間に 426 こ売れたそうです。このチーズケーキの売り上げは、約(やく)何円ですか。

上から1けたのがい数にして見積もりましょう。 教 下26ページ2

20点(式10・答え10)

式

答え (　　　　　　　　)

ふくざつなわり算の商(しょう)を見積もるときは、ふつう、わられる数を上から2けた、わる数を上から1けたのがい数にして計算し、商は上から1けただけ求(もと)めます。

3 197421÷360 を見積もりましょう。 教 下27ページ1

40点(①1つ10、②式10・答え10)

① 197421 を上から2けた、360 を上から1けたのがい数にしましょう。

197421 (　　　　　　)　360 (　　　　)

② 197421÷360 を見積もりましょう。

式

答え (　　　　　　　　)

活用

合かく 80点 /100

月　日

わすれてもだいじょうぶ

1 お店でガムを５こ、240 円のチョコレートを１つ買うと、全部で 640 円でした。ガム１このねだんは何円ですか。 教 下30ページ1

45点(□・(　)1つ5)

① 次の図の㋐～㋓にあてはまることばや数をかきましょう。

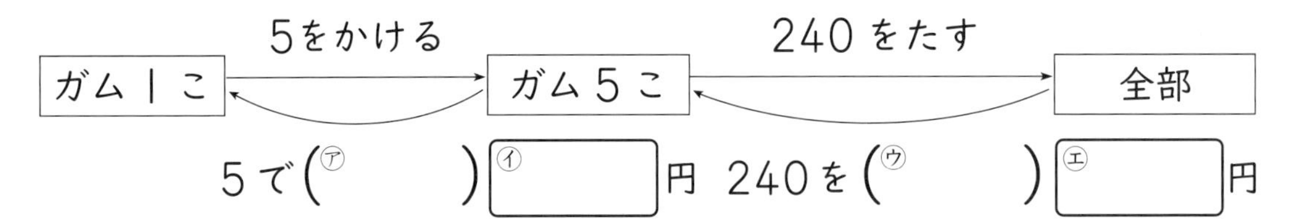

5で(㋐　　　)㋑□円　240を(㋒　　　)㋓□円

② 上の図から、式をつくります。□に数を入れましょう。

まず、ガム５このねだんを求める(もと)と、

次に、ガム１このねだんを求めます。

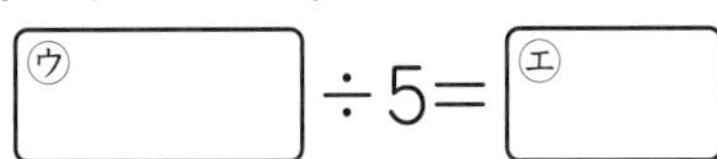

答え ㋔□円

2 みかんを８こ買いました。20 円安くしてもらって、300 円はらいました。みかんは、１こ何円のねだんがついていましたか。 教 下30ページ2

25点(式15・答え10)

式

答え (　　　　)

よく読んで！

3 クッキー１ふくろを、たかしさんたち３人で同じ数ずつ分けました。そのあと、たかしさんは、友だちから３こもらったので、12 こになりました。クッキーは１ふくろに何こはいっていましたか。 教 下31ページ3

30点(式20・答え10)

式

答え (　　　　)

合かく 80点　　/100

月　日

答え 91ページ

⑫ 小数のかけ算とわり算

1　小数のかけ算 ……(1)

[0.2×3 は 0.1 の(2×3)こ分で 0.6 と考えられます。]

1 □にあてはまる数をかきましょう。 教 下33ページ1、2、34ページ5

60点(全部できて1つ10)

① 0.3×2

0.3………0.1 の ㋐[3] こ分

0.3×2…0.1の(㋑□×㋒□)こ分

0.3×2=㋓□

② 0.3×2

0.3×㋐[10]=3、3×2=6

6÷㋑□=0.6

0.3×2=㋒□

③ 0.5×3

0.5………0.1 の ㋐□ こ分

0.5×3…0.1の(㋑□×㋒□)こ分

0.5×3=㋓□

④ 0.5×3

0.5×㋐□=5、5×3=15

15÷㋑□=1.5

0.5×3=㋒□

⑤ 0.04×6

0.04………0.01 の ㋐□ こ分

0.04×6…0.01の(㋑□×㋒□)こ分

0.04×6=㋓□

⑥ 0.04×6

0.04×㋐□=4、4×6=24

24÷㋑□=0.24

0.04×6=㋒□

2 次の計算をしましょう。 教 下33ページ3、4、34ページ7、8

40点(1つ5)

① 0.4×3　　② 0.8×3　　③ 0.03×2

④ 0.05×8　　⑤ 0.8×7　　⑥ 0.9×4

⑦ 0.11×8　　⑧ 0.12×5

教科書 下32〜34ページ

合かく 80点 /100

月　日

⑫ 小数のかけ算とわり算

1 小数のかけ算 ……(2)

[小数に整数をかける筆算では、まず整数と同じように計算してから、小数点をうちます。]

1 □にあてはまる数をかきましょう。 教 下35ページ 1 全部できて10点

2.4×3 の計算

2.4×10=㋐□

24×3=72

72÷10=㋑□

2.4×3=㋒□

小数に整数をかける筆算のしかた

$$\begin{array}{r} 2.4 \\ \times\ \ 3 \\ \hline \end{array} \rightarrow \begin{array}{r} 2.4 \\ \times\ \ 3 \\ \hline 72 \end{array} \rightarrow \begin{array}{r} 2.4 \\ \times\ \ 3 \\ \hline 7.2 \end{array}$$

小数点を考えないで、たてにそろえてかく。

整数のときと同じように計算する。

かけられる数の小数点にそろえて、積(せき)の小数点をうつ。

2 次の計算をしましょう。 教 下35ページ 3、4 90点(1つ10)

① $\begin{array}{r} 1.7 \\ \times\ \ 4 \\ \hline \end{array}$ ② $\begin{array}{r} 6.5 \\ \times\ \ 5 \\ \hline \end{array}$ ③ $\begin{array}{r} 4.6 \\ \times\ \ 3 \\ \hline \end{array}$

④ $\begin{array}{r} 12.9 \\ \times\ \ \ 6 \\ \hline \end{array}$ ⑤ $\begin{array}{r} 0.37 \\ \times\ \ \ 4 \\ \hline \end{array}$ ⑥ $\begin{array}{r} 2.47 \\ \times\ \ \ 2 \\ \hline \end{array}$

⑦ $\begin{array}{r} 1.19 \\ \times\ \ \ 8 \\ \hline \end{array}$ ⑧ $\begin{array}{r} 8.6 \\ \times\ \ 5 \\ \hline \end{array}$ ⑨ $\begin{array}{r} 0.43 \\ \times\ \ \ 2 \\ \hline \end{array}$

合かく 80点　　／100

月　　日

答え 91ページ

⑫ 小数のかけ算とわり算

Ⅰ 小数のかけ算 ……(3)

[筆算では、かける数が2けたになっても、かける数が1けたのときと同じように計算します。]

1 次の計算をしましょう。 教 下36ページ5、6、7、8　　80点(1つ5)

① 4.9×26

294
98
.4

② 2.7×36

③ 6.7×42

④ 7.2×16

⑤ 8.6×24

⑥ 0.17×34

⑦ 0.65×45

⑧ 0.79×26

⑨ 1.35×63

⑩ 1.49×65

⑪ 7.2×15

⑫ 3.8×50

⑬ 4.5×60

⑭ 2.34×30

⑮ 0.77×40

⑯ 3.28×25

2 あつさ 2.6cm の本を 12 さつ積(つ)み重ねました。
本の高さは全部で何 cm ですか。 

20点(式10・答え10)

式

答え (　　　　　　)

時間 15分　合かく 80点　／100

月　日

答え 91ページ

⑫ 小数のかけ算とわり算

2 小数のわり算 ……(1)

[0.4÷2 は 0.1 の(4÷2)こ分で 0.2 と考えられます。]

1 □にあてはまる数をかきましょう。 教 下39ページ1、40ページ5

40点(全部できて1つ10)

① 0.6÷2

0.6………0.1 の ㋐[6] こ分

0.6÷2…0.1 が (㋑[ ] ÷ ㋒[ ]) こ分

0.6÷2＝ ㋓[ ]

② 0.6÷2

0.6× ㋐[10] ＝6、6÷2＝3

3÷ ㋑[ ] ＝0.3

0.6÷2＝ ㋒[ ]

③ 3÷5

3………0.1 の ㋐[ ] こ分

3÷5…0.1 が (㋑[ ] ÷ ㋒[ ]) こ分

3÷5＝ ㋓[ ]

④ 3÷5

3× ㋐[ ] ＝30、30÷5＝6

6÷ ㋑[ ] ＝0.6

3÷5＝ ㋒[ ]

2 次の計算をしましょう。 教 下39ページ3、4、40ページ7、8

60点(1つ5)

① 0.8÷2　② 0.3÷3　③ 0.9÷3

④ 0.06÷2　⑤ 0.24÷4　⑥ 0.54÷6

⑦ 2÷5　⑧ 1÷2　⑨ 0.32÷4

⑩ 0.49÷7　⑪ 0.4÷5　⑫ 0.8÷10

0.1 や 0.01 の何こ分かを考えると、整数のわり算で計算できたね。
求(もと)めた答えを小数にもどすことをわすれないようにしよう。

教科書 下38〜40ページ

15分 合かく 80点 /100

月　日

答え 92ページ

⑫ 小数のかけ算とわり算

2 小数のわり算 ……(2)

筆算では、整数と同じように計算してから、わられる数の小数点にそろえて、商（しょう）の小数点をうちます。

1 □にあてはまる数をかきましょう。 教下41ページ1 全部できて10点

7.2÷4 の計算

7.2×10=㋐□

72÷4=18

18÷10=㋑□

7.2÷4=㋒□

小数を整数でわる筆算のしかた

$4\overline{)7.2}$ → 商 1、4、3 → 商 1.、4、32 → 商 1.8、4、32、32、0

整数のときと同じように計算する。

わられる数の小数点にそろえて、商の小数点をうつ。

2 次の計算をしましょう。 教下41ページ3、4、42ページ6 90点(1つ10)

① $4\overline{)9.2}$

② $5\overline{)7.5}$

③ $4\overline{)34.4}$

④ $6\overline{)39.6}$

⑤ $4\overline{)32.4}$

⑥ $3\overline{)2.28}$

⑦ $8\overline{)4.08}$

⑧ $7\overline{)0.203}$

⑨ $5\overline{)0.465}$

合かく 80点 /100

月　日

答え 92ページ

⑫ 小数のかけ算とわり算

2 小数のわり算 ……(3)

[わる数が 2 けたになっても、1 けたのときと同じように計算します。]

1 次の計算をしましょう。 教 下43ページ 10、11　80点(1つ10)

① $17\overline{)47.6}$ （2.8 / 34 / 136 / 136 / 0）

② $16\overline{)51.2}$

③ $24\overline{)62.4}$

④ $12\overline{)7.2}$

⑤ $34\overline{)23.8}$ （0.7 / 238 / 0）

⑥ $46\overline{)36.8}$

⑦ $52\overline{)3.12}$ （0.0）

⑧ $78\overline{)6.24}$

⑤ $34\overline{)23.8}$ → $34\overline{)23.8}$（0.）→ $34\overline{)23.8}$（0.7 / 238 / 0）

商がたたない位には
0 とかくんだね。

2 商を一の位まで求め、あまりもかきましょう。 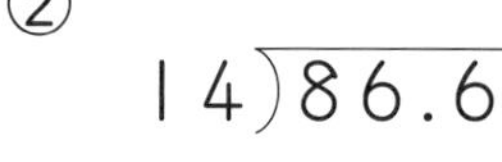　20点(1つ10)

① $4\overline{)49.3}$

② $14\overline{)86.6}$

（商　　あまり　　）　（商　　あまり　　）

教科書 下43～44ページ

合かく 80点 ／100

月　日

答え 92ページ

⑫ 小数のかけ算とわり算

2 小数のわり算 ……(4)

[わり進むわり算では、わられる数に 0 をつけたして計算を続(つづ)けていきます。]

1 次のわり算を、わり切れるまでしましょう。 教 下45ページ 2、3、4　40点(1つ10)

① $6 \overline{)19.5}$

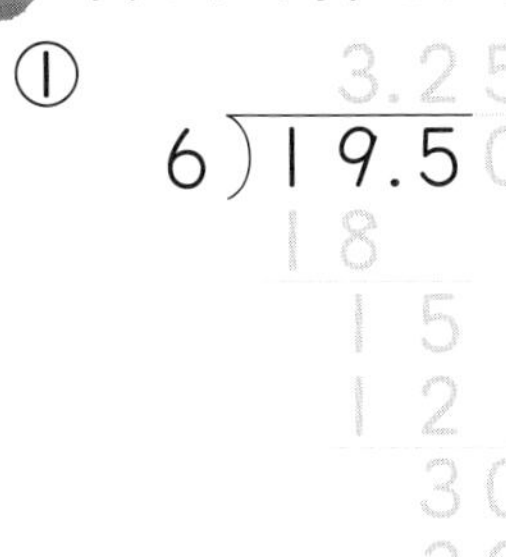

② $4 \overline{)18}$

③ $8 \overline{)2.6}$

④ $24 \overline{)15}$

2.6 を 2.60…と0 をつけたして計算するよ。

ミスに注意!

2 次の商(しょう)を、四捨五入(ししゃごにゅう)で、$\frac{1}{10}$ の位(くらい)までのがい数で表しましょう。また、上から 1 けたのがい数で表しましょう。 教 下46ページ 6　60点(( )1つ10)

① $9 \overline{)11}$　1.22 ← $\frac{1}{100}$ の位まで求めて四捨五入。

9
20
18
20
18
2

② $27 \overline{)145}$

③ $38 \overline{)16.6}$

	①	②	③
$\frac{1}{10}$ の位までのがい数	(㋐　　)	(㋐　　)	(㋐　　)
上から 1 けたのがい数	(㋑　　)	(㋑　　)	(㋑　　)

教科書 下45～46ページ

合かく 80点 ／100

⑫ 小数のかけ算とわり算

3 小数倍

[倍を表す数が小数になることもあります。]

1 長さのちがう３本のリボンがあります。 教 下48ページ1 40点(式10・答え10)

リボンの長さ

赤	30cm
青	36cm
白	54cm

① 青のリボンの長さは、赤のリボンの何倍ですか。

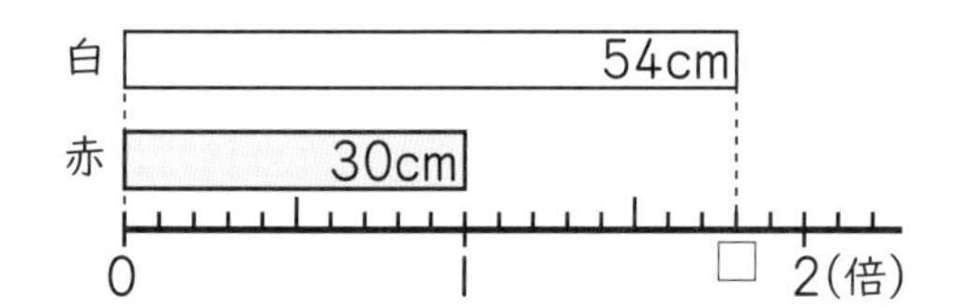

式

答え（　　　　）

② 白のリボンの長さは、赤のリボンの何倍ですか。

白 54cm
赤 30cm
0　1　□　2(倍)

式

答え（　　　　）

2 3種類(しゅるい)のえん筆があります。１本のねだんは、A(エー)が120円、B(ビー)が96円、C(シー)が72円です。 教 下49ページ2 60点(式15・答え15)

えん筆１本のねだん

	ねだん(円)
A	120
B	96
C	72

① Aのねだんは、Bのねだんの何倍ですか。

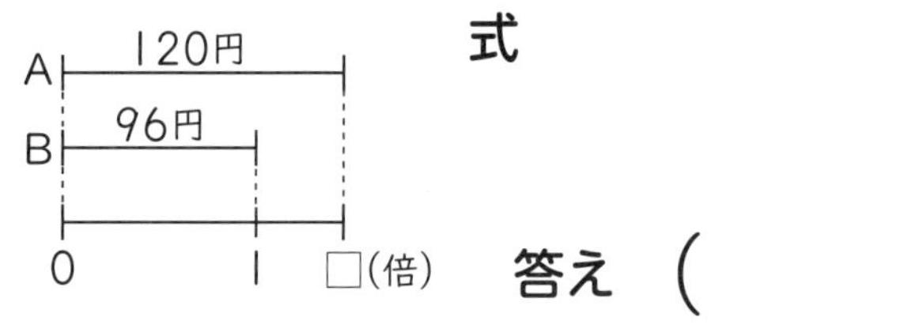

答え（　　　　）

② Cのねだんは、Bのねだんの何倍ですか。

式

答え（　　　　）

２つの量をくらべるときは、どちらを１とみるかを考えよう。

教科書 下48〜49ページ

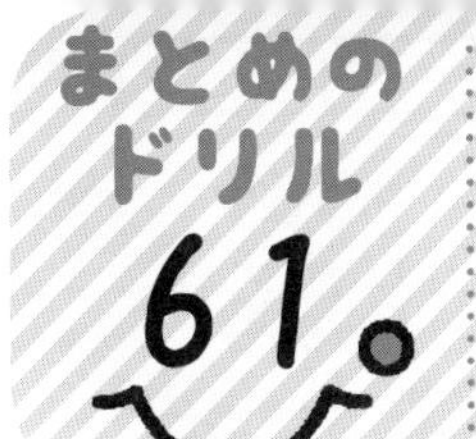

⑫　小数のかけ算とわり算

合かく 80点　　/100

月　日

1 次の計算をしましょう。　20点(1つ4)

① 0.7×5　② 0.6×5　③ 0.06×8

④ 5.6÷7　⑤ 0.3÷6

2 次の計算をしましょう。わり算はわり切れるまでしましょう。　60点(1つ5)

① 3.2×3　② 1.7×5　③ 0.19×9　④ 0.42×8

⑤ 4.3×27　⑥ 1.45×38　⑦ 3)4.8　⑧ 9)25.2

⑨ 34)27.2　⑩ 23)3.68　⑪ 20)17　⑫ 16)10.8

よく読んで！

3 次の商(しょう)を、四捨五入(ししゃごにゅう)で、$\frac{1}{10}$の位(くらい)までのがい数で表しましょう。
また、上から1けたのがい数で表しましょう。　20点(( )1つ5)

① 17)65

$\frac{1}{10}$の位までのがい数
(㋐　　　)

上から1けたのがい数
(㋑　　　)

② 47)31.8

$\frac{1}{10}$の位までのがい数
(㋐　　　)

上から1けたのがい数
(㋑　　　)

冬休みのホームテスト 62

時間 15分 合かく 80点 /100

月 日

答え 93ページ

2けたでわるわり算の筆算／割 合 式と計算の順じょ

次のわり算をしましょう。わり切れないときは、商とあまりをかきましょう。 40点(1つ5)

① $23\overline{)138}$

② $49\overline{)245}$

③ $43\overline{)344}$

④ $77\overline{)924}$

⑤ $52\overline{)988}$

⑥ $35\overline{)954}$

⑦ $37\overline{)463}$

⑧ $216\overline{)6048}$

よく読んで！

メロンのねだんはりんごのねだんの6倍で 960 円です。りんごのねだんはいくらですか。 20点(式10・答え10)

式

答え（　　　　）

3 次の計算をしましょう。 20点(1つ5)

① 20−8÷2

② 3×2+4÷2

③ (12÷4+2)÷5

④ 36÷(3×6)

□にあてはまる数をかきましょう。 20点(1つ10)

① □−74=100

（　　　　）

② □×6=54

（　　　　）

合かく 80点 ／100

月　日

面積／がい数とその計算 小数のかけ算とわり算

1 次の面積を求めましょう。　20点(1つ10)

①
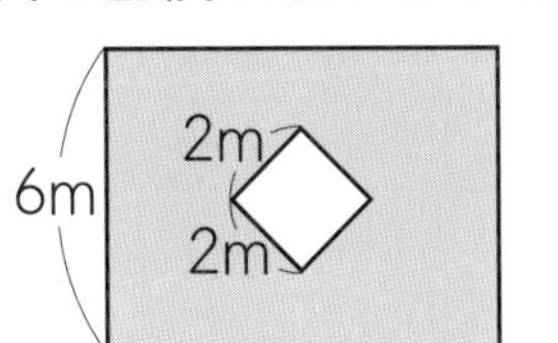

②
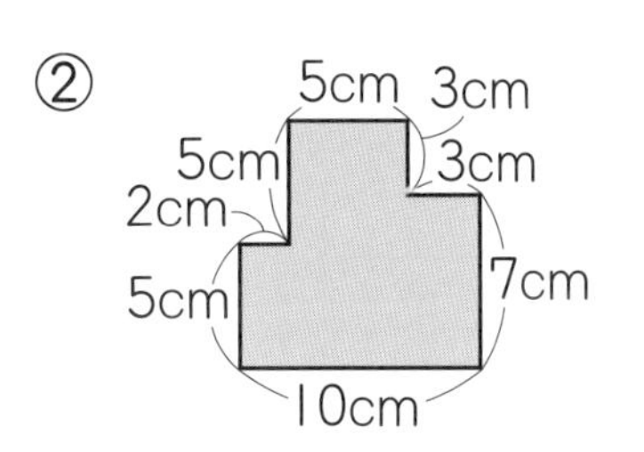

(　　　　　)　(　　　　　)

よく読んで！

2 四捨五入で、百の位までのがい数にしたとき、2500 になる整数のはんいを、以上、未満、以下を使って表しましょう。　40点(両方できて1つ20)

(　　　　)以上(　　　　)以下

(　　　　)以上(　　　　)未満

3 次の計算をしましょう。わり算は、わり切れるまでしましょう。⑧は商を、四捨五入で、$\frac{1}{10}$の位までのがい数で表しましょう。　40点(1つ5)

① 2.4×3　② 7.6×12　③ 0.62×58　④ 1.98×20

⑤ $6.9 \div 3$　⑥ $5.4 \div 2$　⑦ $46.8 \div 18$　⑧ $180 \div 26$

時間 15分 合かく 80点 /100 月 日

サクッとこたえあわせ 答え 93ページ

⑬ 調べ方と整理のしかた

1 下の表は、1週間のけがの記録です。次のことを調べましょう。 教下59～60ページ

1週間のけが調べ

曜日	場　所	体の部分	けがの種類	曜日	場　所	体の部分	けがの種類	曜日	場　所	体の部分	けがの種類
月	運動場	足	すりきず	水	体育館	手	打ぼく		中　庭	足	切りきず
月	中　庭	顔	切りきず	水	運動場	足	すりきず		運動場	手	すりきず
月	体育館	足	打ぼく	水	階だん	顔	すりきず	金	階だん	足	ねんざ
月	運動場	手	ねんざ	水	運動場	足	打ぼく	金	教　室	手	切りきず
月	教　室	手	つき指	木	中　庭	うで	さしきず	金	中　庭	うで	さしきず
火	ろうか	うで	打ぼく	木	教　室	手	切りきず	金	教　室	足	打ぼく
火	中　庭	足	すりきず	木	体育館	足	つき指	金	運動場	足	すりきず

① どんな場所でけがをする人が多いか、右の表にかいて調べましょう。 30点(1だん5)

正の字で調べて数字で表しましょう。

1週間のけが調べ(場所別の人数)

場　所	人数（人）	
運動場		
中　庭		
体育館	下	3
教　室		
その他		
合　計		

② いちばんけがが多かった場所はどこですか。 10点

(　　　　　)

2 上の記録を見て、どんなけがを、体のどの部分にした人が多いかを、表にかいて調べましょう。 教下62～63ページ2、64～65ページ1 60点(1だん10)

けがの種類と体の部分別のけが調べ(人)

けがの種類＼体の部分	足	手	うで	顔	合計
すりきず					
切りきず					
ねんざ					
打ぼく					
その他					
合　計					

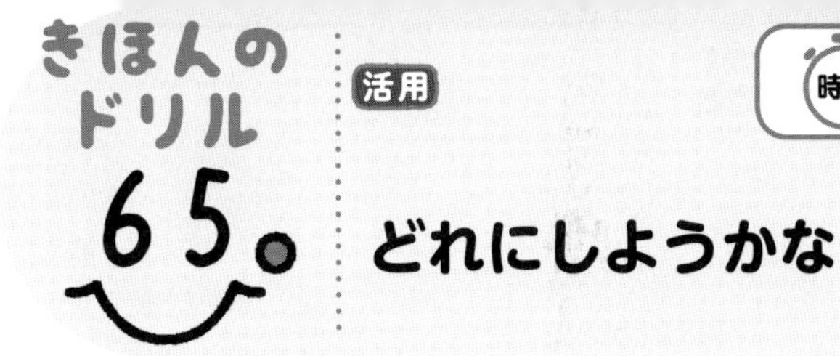

合かく 80点 ／100

月　日

サクッとこたえあわせ

どれにしようかな

1 4年1組の29人と、2組32人で、たん生月のアンケートをとったら、次のような結果（けっか）になりました。

1～6月生まれの人………25人
7～12月生まれの人………36人

このうち、1組で7～12月生まれの人は、19人でした。 教下68～69ページ1

60点(1つ20)

① 2組で、7～12月生まれの人は何人ですか。

(　　　　)

② 1組で、1～6月生まれの人は何人ですか。

(　　　　)

③ 2組で、1～6月生まれの人は何人ですか。

(　　　　)

下のような表をつくって考えよう。

たん生月調べ(人)

組＼月	1～6月	7～12月	合計
1組		19	29
2組			32
合計	25	36	

2 じゅんこさんのクラスは38人です。兄弟がいる人は28人、姉妹がいる人は25人、両方ともいない人は6人です。 教下69ページ2

40点(①空らん1つ5、②15)

① 右の表を完成（かんせい）させましょう。

兄弟、姉妹がいる人調べ(人)

姉妹＼兄弟	いる	いない	合計
いる			25
いない	㋐	6	
合計	28		38

② 表の㋐の人は、どんな人といえますか。

(　　　　　　　　)

合かく 80点 ／100

月　日

⑭ 分　数

Ⅰ　１より大きい分数の表し方

［１より小さい分数を真分数（しんぶんすう）、１に等しいか、１より大きい分数を仮分数（かぶんすう）といいます。
整数と真分数の和になっている分数を帯分数（たいぶんすう）といいます。］

1 次のテープの長さを分数で表しましょう。　教 下71ページ 1　20点（1つ10）

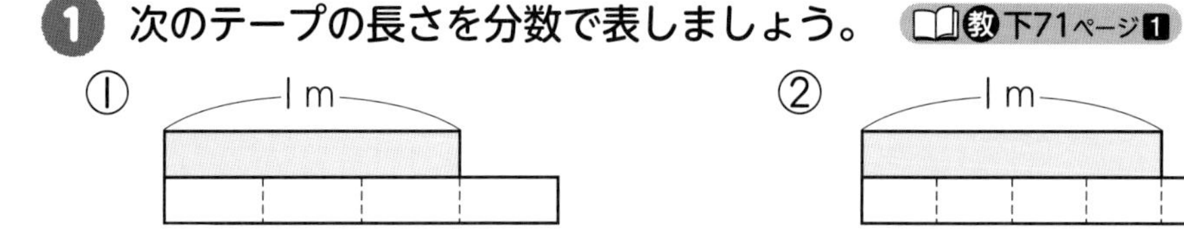

①（ $\frac{4}{3}$ m ）　②（　　　）

2 次の分数を真分数と仮分数に分けて、㋐～㋔の記号で答えましょう。

教 下71ページ 2　25点（1つ5）

あ $\frac{1}{5}$　い $\frac{7}{6}$　う $\frac{3}{3}$　え $\frac{8}{10}$　お $\frac{12}{9}$

真分数（　　　）　仮分数（　　　）

3 □にあてはまる数をかきましょう。　教 下72ページ 1、73ページ 2

15点（□1つ5）

$\frac{4}{3}$は、１と ㋐□ をあわせた数で、$1\frac{1}{3}$とかきます。

$2\frac{2}{3}$は、$\frac{1}{3}$の ㋑□ こ分なので、仮分数で表すと ㋒□ です。

4 次の仮分数を整数か帯分数になおしましょう。　教 下73ページ 3　30点（1つ5）

① $\frac{5}{4}$　② $\frac{5}{3}$　③ $\frac{12}{6}$　④ $\frac{13}{7}$　⑤ $\frac{11}{8}$　⑥ $\frac{15}{9}$

（　）（　）（　）（　）（　）（　）

5 次の数の大きさをくらべ、等号や不等号（ふとうごう）を使って式にかきましょう。

教 下74ページ 7　10点（1つ5）

① $\frac{7}{2}$、$2\frac{1}{2}$　② $1\frac{3}{5}$、$\frac{8}{5}$

（　　　）　（　　　）

合かく 80点 　/100

月　日

答え 94ページ

⑭ 分　数

2　分数のたし算・ひき算 ……(1)

[分母が同じ分数のたし算やひき算では、分母はそのままにして、分子だけを計算します。]

1 $\frac{2}{4}+\frac{3}{4}$、$\frac{6}{4}-\frac{2}{4}$の計算のしかたを考えます。

□にあてはまる数をかきましょう。 教 下75ページ1、2 60点(□1つ5)

① $\frac{2}{4}$は、$\frac{1}{4}$の ㋐2 こ分
$\frac{3}{4}$は、$\frac{1}{4}$の ㋑□ こ分
あわせて、$\frac{1}{4}$の(㋒2 + ㋓□)こ分で、㋔□。

答えは ㋕$1\frac{1}{4}$ と帯分数(たいぶんすう)にしてもよいです。

② $\frac{6}{4}$は、$\frac{1}{4}$の ㋐□ こ分
$\frac{2}{4}$は、$\frac{1}{4}$の ㋑□ こ分
ひくと、$\frac{1}{4}$の(㋒□ − ㋓□)こ分で、㋔□。

答えは ㋕□ と整数にしてもよいです。

2 次の計算をしましょう。 教 下75ページ3、4 40点(1つ5)

① $\frac{4}{5}+\frac{2}{5}$　　② $\frac{3}{8}+\frac{6}{8}$

③ $\frac{5}{3}+\frac{1}{3}$　　④ $\frac{2}{7}+\frac{10}{7}$

⑤ $\frac{7}{6}-\frac{3}{6}$　　⑥ $\frac{9}{7}-\frac{5}{7}$

⑦ $\frac{12}{9}-\frac{10}{9}$　　⑧ $\frac{19}{8}-\frac{11}{8}$

教科書 下75ページ

合かく 80点 ／100

月　日

⑭ 分　数

2　分数のたし算・ひき算 ……(2)

帯分数（たいぶんすう）の計算では、帯分数を仮分数（かぶんすう）になおすか、整数と真分数（しんぶんすう）の和と考えて計算することができます。

1 $1\frac{4}{7}+\frac{5}{7}$の計算のしかたを考えます。□にあてはまる数をかきましょう。

教 下76ページ1　40点(□1つ5)

① $1\frac{4}{7}=$ ㋐$\frac{11}{7}$ なので、$1\frac{4}{7}+\frac{5}{7}=$ ㋑□ $+\frac{5}{7}=\frac{㋒□}{7}$

② $1\frac{4}{7}=1+$ ㋐□ なので、

$1\frac{4}{7}+\frac{5}{7}=1+$ ㋑□ $+\frac{5}{7}=1+\frac{㋒□}{7}=1+1+\frac{㋓□}{7}=2\frac{㋔□}{7}$

2 $1\frac{4}{7}-\frac{5}{7}$ の計算のしかたを考えます。□にあてはまる数をかきましょう。

教 下76ページ2　15点(□1つ5)

$\frac{4}{7}$から$\frac{5}{7}$はひけないので、$1\frac{4}{7}=$ ㋐□ として、

$1\frac{4}{7}-\frac{5}{7}=$ ㋑□ $-\frac{5}{7}=\frac{㋒□}{7}$

3 次の計算をしましょう。 教 下76ページ3、4　45点(1つ5)

① $1\frac{4}{5}+\frac{2}{5}$

② $\frac{6}{8}+1\frac{4}{8}$

③ $\frac{6}{9}+1\frac{7}{9}$

④ $1\frac{1}{4}+\frac{3}{4}$

⑤ $1\frac{1}{4}-\frac{3}{4}$

⑥ $1\frac{3}{8}-\frac{5}{8}$

⑦ $1\frac{2}{7}-\frac{4}{7}$

⑧ $1\frac{3}{9}-\frac{8}{9}$

⑨ $2-\frac{3}{5}$

教科書 下76ページ

時間15分　合かく80点　/100

月　日

⑭ 分　数
3　等しい分数

[分母と分子がちがっていても、大きさの等しい分数があります。]

1 右の数直線を見て、□にあてはまる分数をかきましょう。 教 下77ページ1

60点(□1つ10)

① $\frac{1}{2}$に等しい分数

$\frac{2}{4}$、$\frac{3}{6}$、□、□

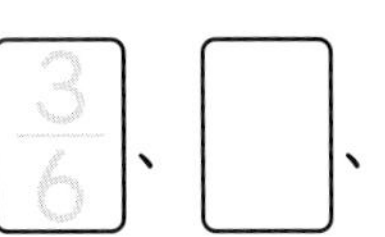

② $\frac{4}{6}$に等しい分数

□、□

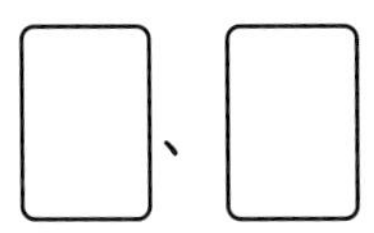

③ $\frac{2}{10}$に等しい分数

□

0, $\frac{1}{2}$, 1
0, $\frac{1}{3}$, 1
0, $\frac{1}{4}$, 1
0, $\frac{1}{5}$, 1
0, $\frac{1}{6}$, 1
0, $\frac{1}{7}$, 1
0, $\frac{1}{8}$, 1
0, $\frac{1}{9}$, 1
0, $\frac{1}{10}$, 1

2 下の数直線を見て、$\frac{1}{3}$と$\frac{2}{3}$に等しい分数をかきましょう。

教 下77ページ1　40点(□1つ10)

0, $\frac{1}{3}$, $\frac{2}{3}$, 1

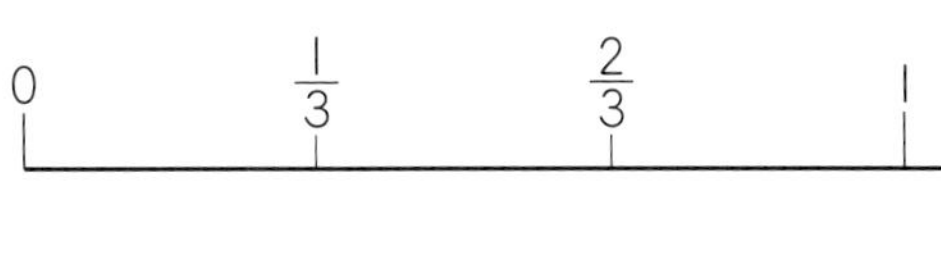

$\frac{1}{3}$ = ①□ = ②□

$\frac{2}{3}$ = ③□ = ④□

⑮ 変わり方 ……(1)

[2つの量の関係を、表にかいて調べます。]

1 500円をもって、1つ100円のドーナツを買いに行きます。 教 下84ページ2

40点(①空らん1つ5、②15)

① ドーナツの代金とおつりの変わり方を、表にかいて調べましょう。

ドーナツの代金とおつり

ドーナツの代金（円）	100	200	300	400	500
おつり　　　（円）					

② ドーナツの代金を○円、おつりを△円として、○と△の関係を式に表しましょう。

式 [　　　　] =500

2 1辺の長さが1cmの正方形を、下の図のようにならべていきます。

教 下85ページ4　60点(①空らん1つ5、②・③1つ15)

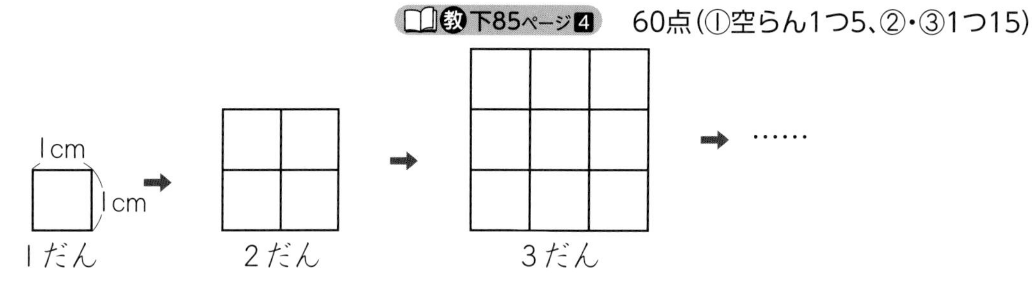

① 下の表を完成させましょう。

だんの数とまわりの長さ

だんの数　（だん）	1	2	3	4	5	6	7
まわりの長さ（cm）	4						

② だんの数とまわりの長さの関係を、だんの数を○だん、まわりの長さを△cmとして式に表しましょう。

式　△＝[　　　　]

③ だんの数が12のとき、まわりの長さは何cmになりますか。

(　　　　)

合かく 80点　／100

月　日

答え 94ページ

⑮ 変わり方 ……(2)

変わり方を使って／変わり方とグラフ

❶ 下のように、正三角形が横にならぶ形に、同じ長さのひごをおいていきます。

教 下86ページ 1　50点（①空らん1つ5、②・③1つ10）

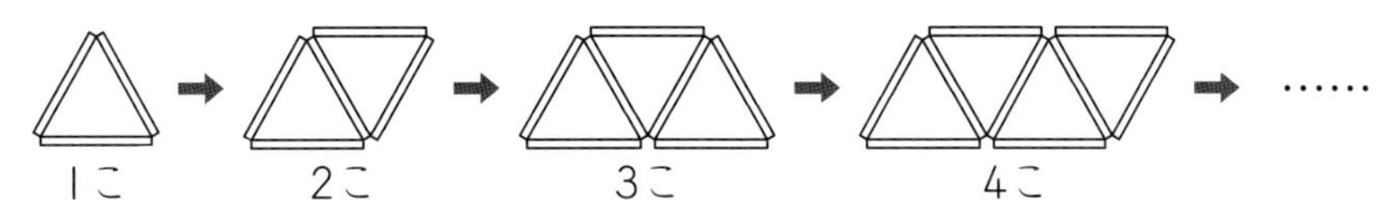

① 正三角形の数を１こ、２こ、３こ、……とふやしていくと、ひごの数はどのように変わりますか。表にかいて調べましょう。

正三角形の数とひごの数

正三角形の数（こ）	1	2	3	4	5	6
ひごの数　（本）	㋐ 3	㋑	㋒	㋓	㋔	㋕

② 正三角形の数が８このとき、ひごの数は何本ですか。

（　　　）

③ ひごの数が15本のとき、正三角形は何こできますか。

（　　　）

❷ 下の表は、水そうに水を入れていったときの水のかさと全体の重さを表したものです。水のかさと全体の重さの関係（かんけい）を、折（お）れ線グラフにかきましょう。　教 下87ページ 1　50点

水そうに水を入れたときの水のかさと全体の重さ

水のかさ（L）	1	2	3	4	5	6
全体の重さ（kg）	2.5	3.5	4.5	5.5	6.5	7.5

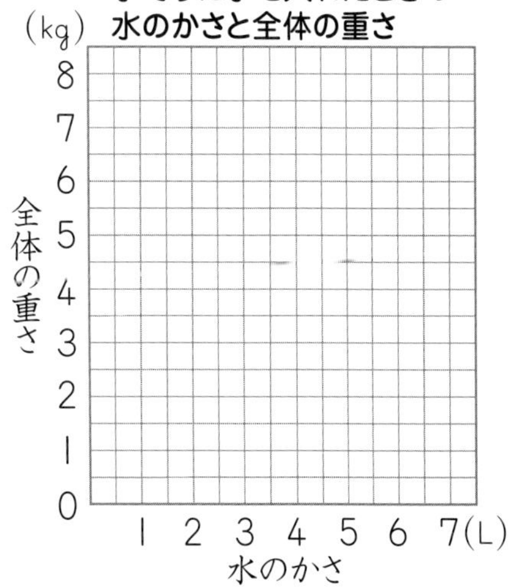

合かく 80点　／100

月　日

⑯ 直方体と立方体

1　直方体と立方体　……(1)

［長方形や、長方形と正方形でかこまれた形を直方体、正方形だけでかこまれた形を立方体といいます。直方体や立方体の面のように、平らな面を平面(へいめん)といいます。］

1 下の形について、答えましょう。　教 下90ページ　50点(1つ10)

①

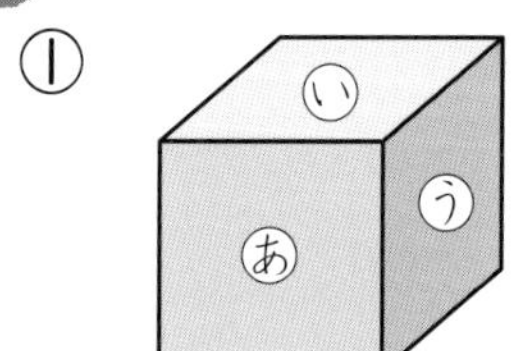

左の形は、あ、い、うの面がすべて同じ形です。

あ、い、うの面は何という形ですか。　(正方形)

このような形を何といいますか。　(立方体)

②

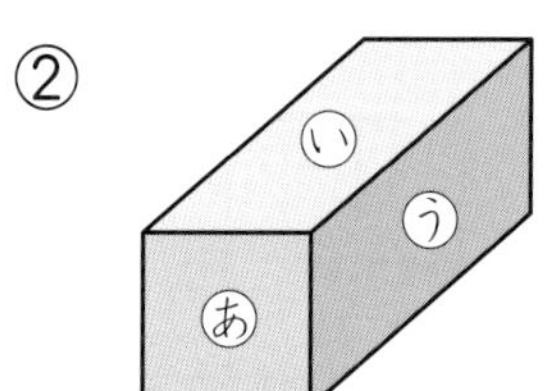

左の形は、あの面は正方形ですが、い、うの面は正方形ではありません。

い、うの面は何という形ですか。　(　　　　)

このような形を何といいますか。　(　　　　)

③

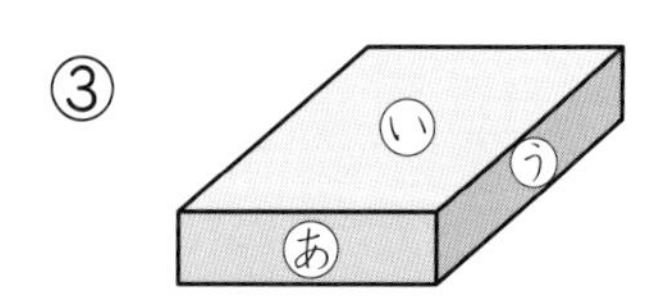

左の形は、あ、い、うの面がすべて長方形です。

このような形を何といいますか。　(　　　　)

2 下の図は、ある箱の面を紙に写しとったものです。それぞれの箱は何という形ですか。　教 下90ページ　30点(1つ10)

①

(　　　　)

②

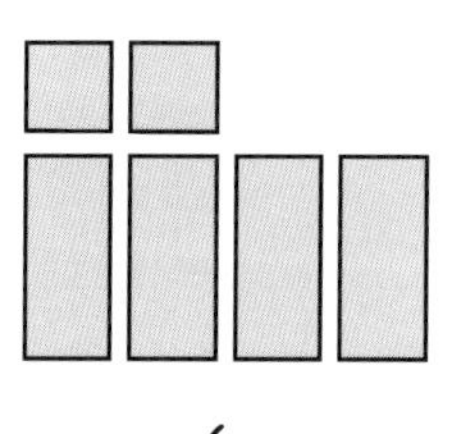

(　　　　)

③

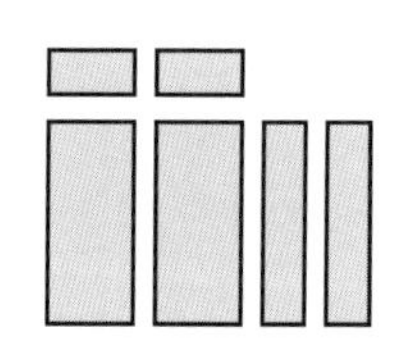

(　　　　)

3 直方体には面がいくつありますか。また、頂点(ちょうてん)は全部でいくつありますか。

教 下90ページ　20点(1つ10)

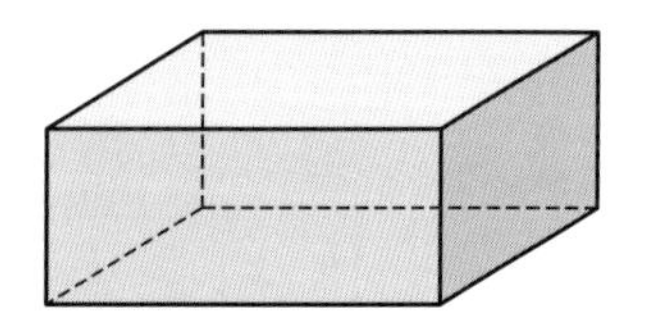

面　(　　　　)

頂点　(　　　　)

直方体には同じ形の面が2つずつあるね。

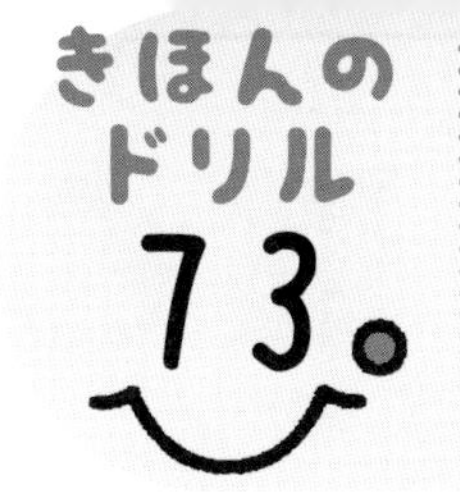

時間 15分　合かく 80点　/100

月　日

⑯ 直方体（ちょくほうたい）と立方体（りっぽうたい）

1　直方体と立方体　……(2)

[直方体などを辺にそって切り開いて、平面の上に広げてかいた図をてん開図（かいず）といいます。]

1 てん開図を完成させましょう。　教 下91～92ページ 1　20点

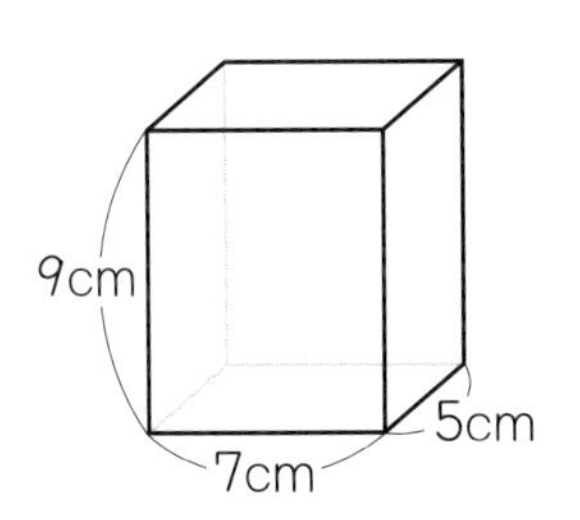

＊右の方がん紙の１目もりは１cmとします。

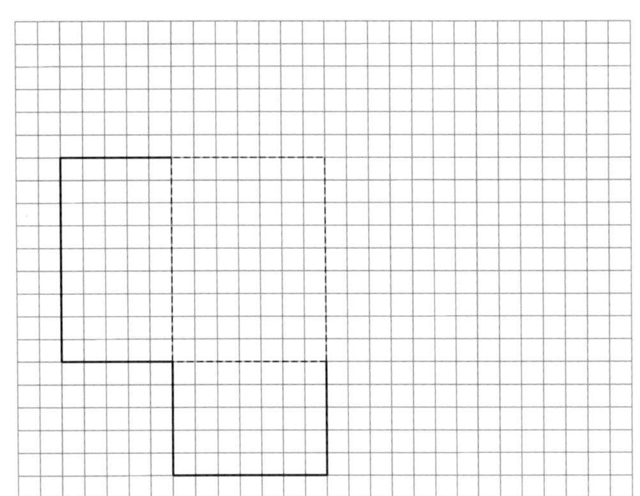

⚠ミスに注意！

2 下の図で、立方体の正しいてん開図はどれですか。　教 下92ページ 3　20点

㋐　㋑

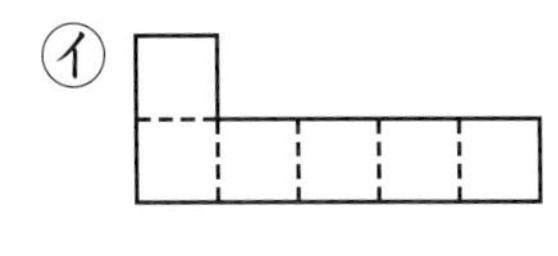

㋒

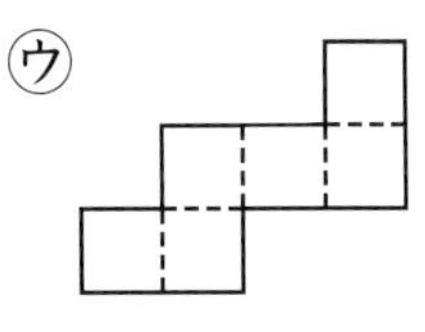

㋓

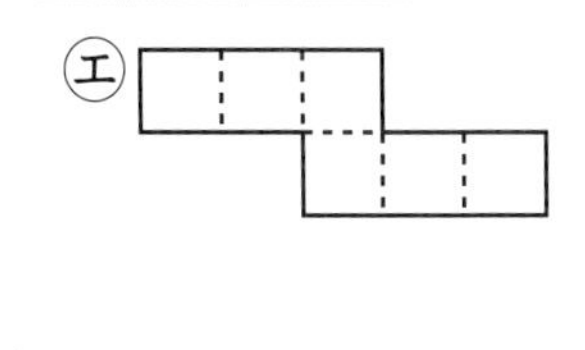

(　　　　)

⚠ミスに注意！

3 右の直方体のてん開図を組み立てます。　教 下92ページ 2、93ページ 5　60点(1つ20)

① 点サと重なる点はどれですか。

(　　　　)

② 点オと重なる点はどれですか。

(　　　　)

③ 辺イウと重なる辺（へん）はどれですか。

(　　　　)

シ　サ
ア　セ　ス　コ　ケ
イ　ウ　エ　キ　ク
オ　カ

合かく 80点 /100

月 日

1 右の直方体について、面と面の関係を調べましょう。 教 下94ページ 1

30点(( )1つ5)

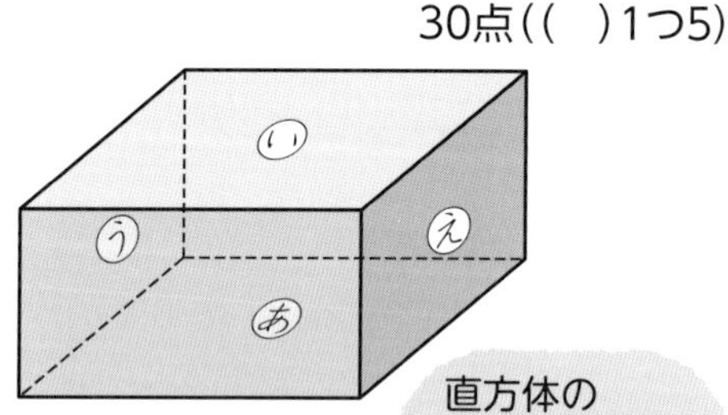

① あの面と平行な面はどれですか。

(い)の面

② えの面と平行な面はどれですか。

( )の面

③ あの面と垂直な面はどれですか。

( )の面と( )の面

④ うの面と垂直な面はどれですか。

( )の面と( )の面

2 右の直方体について、面と面の関係を調べましょう。 教 下94ページ 1

60点(( )1つ5)

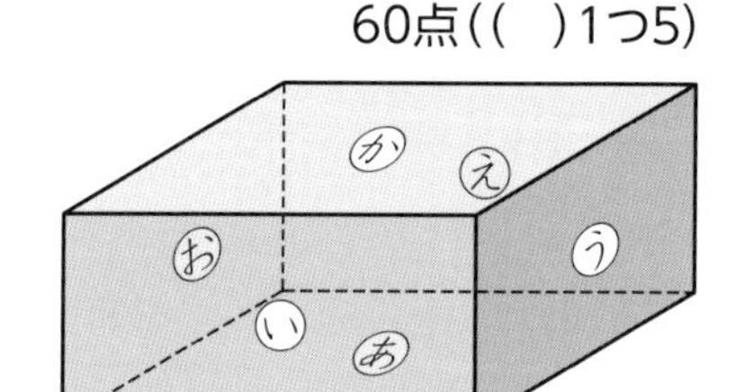

① おと平行な面は( )

② いと平行な面は( )

③ おと垂直な面はあとかといと( )

④ かと垂直な面はうとえと( )と( )

⑤ うと垂直な面はかと( )と( )と( )

⑥ いと垂直な面は( )と( )と( )と( )

3 立方体の面の中で、平行な面は何組ありますか。 教 下94ページ 1 5点

( )組

4 直方体の1つの面に、垂直な面は何面ありますか。 教 下94ページ 1 5点

( )面

教科書 下94ページ

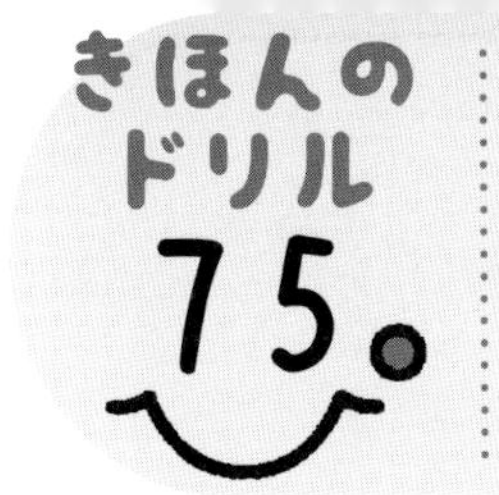

合かく 80点 ／100

月　日

サクッとこたえあわせ

答え 95ページ

⑯ 直方体と立方体

2 面や辺の平行と垂直 ……(2)

[辺と辺・面と辺にも、面と面の関係のように、平行や垂直の関係があります。]

1 右の直方体について、辺と辺の関係を調べます。 教 下95ページ1　70点(□1つ5)

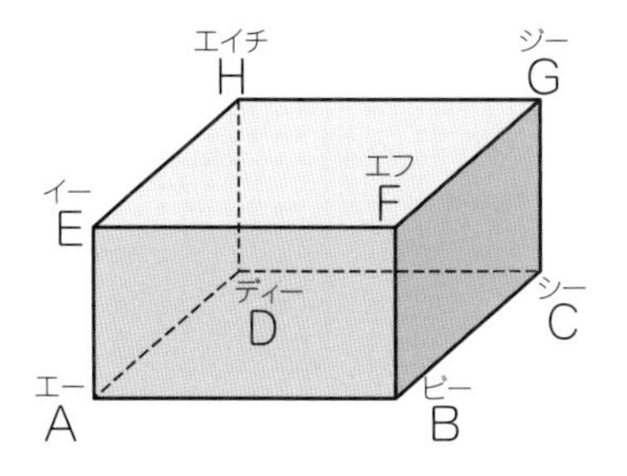

① 辺ABと辺DCは［平行］です。

このほかに、辺ABと平行な辺が2つあります。

辺［　］、辺［　］です。

② 辺AEと平行な辺は、

辺BF、辺［　］、辺［　］の3つです。

③ 辺ADと平行な辺は、辺BC、

辺［　］、辺［　］の3つです。

向かいあっている3つの辺が平行だね。

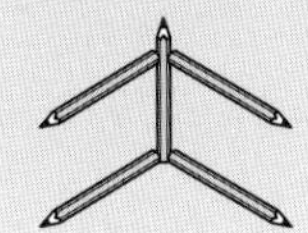

④ 辺ABと辺ADは［垂直］です。

このほかに、辺ABと垂直な辺が3つあります。

辺［　］、辺［　］、辺［　］です。

交わっている4つの辺が垂直になるね。

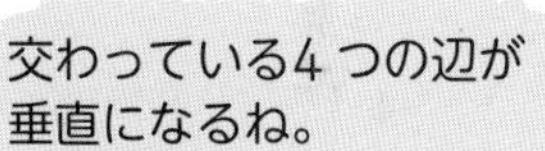

⑤ 辺DHと垂直な辺は、辺AD、

辺［　］、辺［　］、辺［　］の4つです。

2 右の直方体について、面と辺の関係を調べます。 教 下96ページ1　30点(□1つ5)

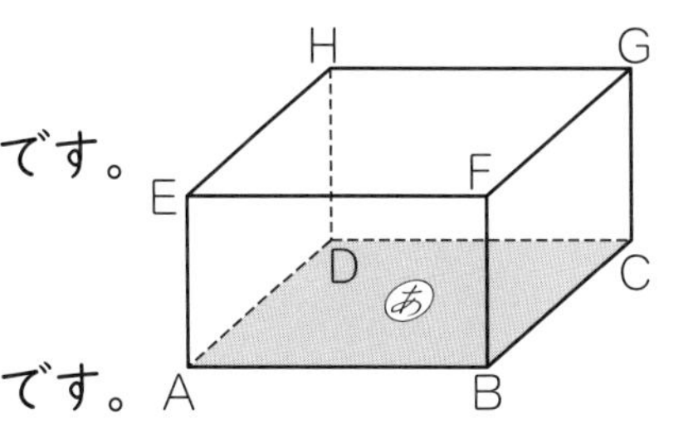

① あの面と平行な辺は4つあります。

辺EF、辺［　］、辺［　］、辺［　］です。

② あの面と垂直な辺は4つあります。

辺AE、辺［　］、辺［　］、辺［　］です。

15分　合かく 80点　／100

月　日

⑯ 直方体と立方体

2 面や辺の平行と垂直 ……(3)

[全体の形がわかるようにかいた図を見取図といいます。]

❶ 下の図の立方体、直方体の見取図を完成させましょう。

教 下97ページ❶　50点(1つ25)

①

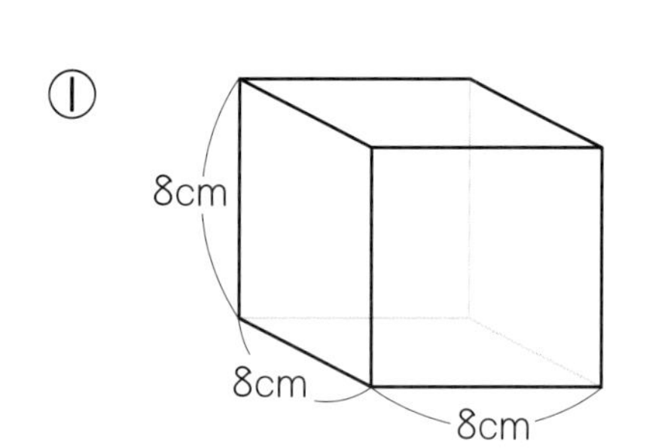

1cm
1cm

②

4cm
6cm
8cm

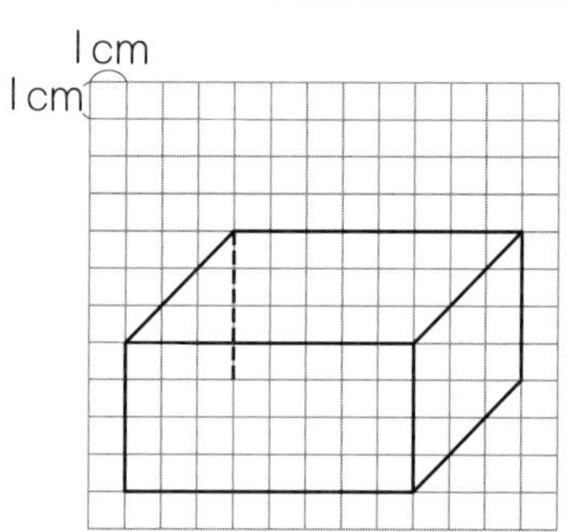

❷ 直方体の見取図の続きをかきましょう。　教 下98ページ❷　50点(1つ25)

①

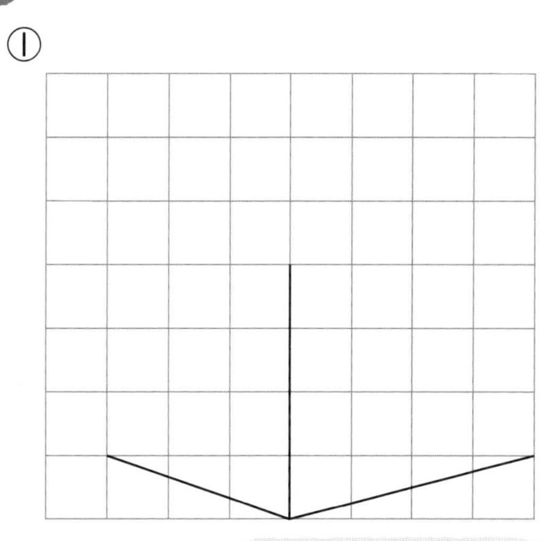

②

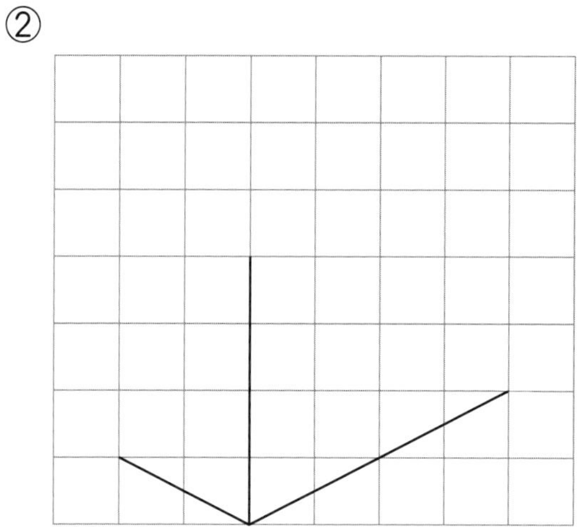

教科書 下97～98ページ

合かく 80点　/100

月　日

サクッとこたえあわせ　答え 96ページ

⑯ 直方体と立方体

3 位置の表し方

1 右の図で、点アをもとにして、◎と○の位置を考えます。□にあてはまる数をかきましょう。 教 下101ページ2、3　40点(□1つ5)

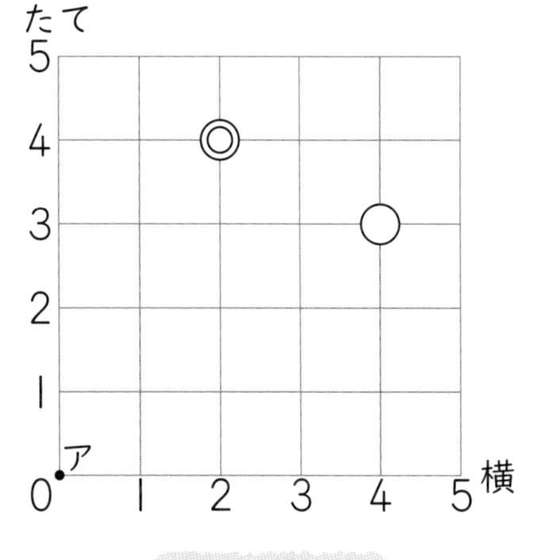

① ◎の位置は０を出発して、横に㋐2、たてに㋑4進んだ位置にあります。
◎の位置は（横㋒□、たて㋓□）と表せます。

② ○の位置は０を出発して、横に㋐□、たてに㋑□進んだ位置にあります。
○の位置は（横㋒□、たて㋓□）と表せます。

平面にあるものの位置は、2つの数の組で表せるよ。

2 右の直方体で、頂点Aをもとにしたとき、ほかの頂点の位置を考えましょう。
教 下102ページ4、5　60点(1つ10、①は□1つ10)

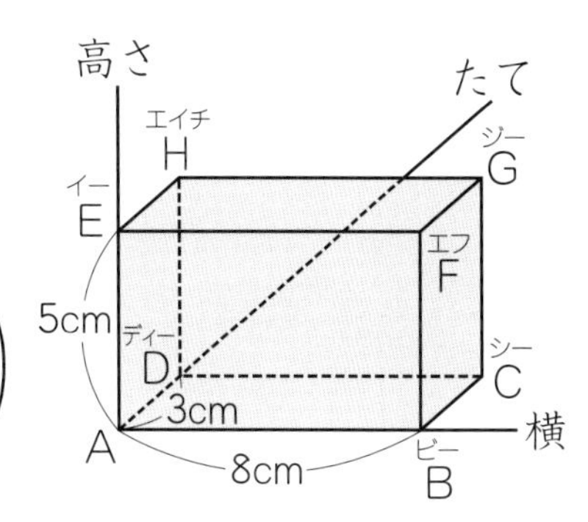

① 頂点Cの位置は、
C（横㋐□cm、たて㋑□cm、高さ㋒□cm）
と表せます。

② 頂点Hの位置を表しましょう。

H（　　　　　）

③ 頂点Fの位置を表しましょう。

F（　　　　　）

④ （横8cm、たて3cm、高さ5cm）の位置にある頂点はどれですか。

（　　　）

学年末のホームテスト

78.

時間 15分　合かく 80点　/100

月　日

サクッとこたえあわせ

答え 96ページ

1けたでわるわり算の筆算／2けたでわるわり算の筆算

1 次の計算をしましょう。わり切れないときは、商(しょう)とあまりをかきましょう。

100点(1つ5)

① $3\overline{)87}$	② $7\overline{)99}$	③ $4\overline{)340}$	④ $8\overline{)658}$
⑤ $4\overline{)680}$	⑥ $36\overline{)72}$	⑦ $24\overline{)98}$	⑧ $63\overline{)441}$
⑨ $45\overline{)275}$	⑩ $72\overline{)380}$	⑪ $37\overline{)200}$	⑫ $56\overline{)728}$
⑬ $83\overline{)996}$	⑭ $46\overline{)973}$	⑮ $28\overline{)840}$	⑯ $39\overline{)790}$
⑰ $35\overline{)4515}$	⑱ $42\overline{)3612}$	⑲ $27\overline{)6341}$	⑳ $184\overline{)2579}$

学年末のホームテスト

79

合かく 80点　／100

月　日

小　数／式と計算の順(じゅん)じょ／小数のかけ算とわり算

1 次の計算をしましょう。　30点(1つ5)

① $\begin{array}{r} 4.61 \\ +1.24 \\ \hline \end{array}$

② $\begin{array}{r} 5.23 \\ +0.77 \\ \hline \end{array}$

③ $\begin{array}{r} 7 \\ +5.48 \\ \hline \end{array}$

④ $\begin{array}{r} 6.18 \\ -3.25 \\ \hline \end{array}$

⑤ $\begin{array}{r} 7.02 \\ -0.13 \\ \hline \end{array}$

⑥ $\begin{array}{r} 3 \\ -1.49 \\ \hline \end{array}$

2 次の計算をしましょう。　20点(1つ5)

① $6\times9-8\div2$

② $6\times(9-8)\div2$

③ $19+37+63$

④ 96×25

3 次の計算をしましょう。　50点(1つ5)

① 0.02×4

② 0.09×10

③ $0.4\div4$

④ $3.6\div6$

⑤ $\begin{array}{r} 1.2 \\ \times\quad 8 \\ \hline \end{array}$

⑥ $\begin{array}{r} 0.27 \\ \times\quad 31 \\ \hline \end{array}$

⑦ $\begin{array}{r} 5.28 \\ \times\quad 25 \\ \hline \end{array}$

⑧ $2\overline{)4.8}$

⑨ $7\overline{)43.4}$

⑩ $24\overline{)7.68}$

合かく 80点 ／100

月　日

調べ方と整理のしかた／分　数

1 あるクラスの全員に、算数と国語について、好(す)きかきらいかを調べたところ、下の表のようになりました。 40点(1つ10)

算数と国語の好ききらい調べ(人)

算数＼国語	好き	きらい	合　計
好き	13	8	21
きらい	6	5	㋐ 11
合　計	19	13	32

① 算数も国語も好きな人は何人ですか。

(　　　)

② 国語だけ好きな人は何人ですか。

(　　　)

③ ㋐の11人はどんな人といえますか。

(　　　　　　　)

④ このクラスの人数は何人ですか。

(　　　)

2 次の仮分数(かぶんすう)は整数か帯分数(たいぶんすう)に、帯分数は仮分数になおしましょう。 20点(1つ4)

① $\frac{9}{8}$　② $2\frac{6}{7}$　③ $1\frac{4}{5}$　④ $\frac{4}{4}$　⑤ $\frac{10}{6}$

(　　) (　　) (　　) (　　) (　　)

3 次の計算をしましょう。 40点(1つ5)

① $\frac{1}{2}+\frac{1}{2}$　② $\frac{3}{4}+\frac{6}{4}$　③ $1\frac{2}{6}+\frac{5}{6}$

④ $2\frac{2}{3}+\frac{1}{3}$　⑤ $\frac{8}{7}-\frac{5}{7}$　⑥ $\frac{10}{8}-\frac{4}{8}$

⑦ $4-\frac{5}{8}$　⑧ $1\frac{1}{5}-\frac{2}{5}$

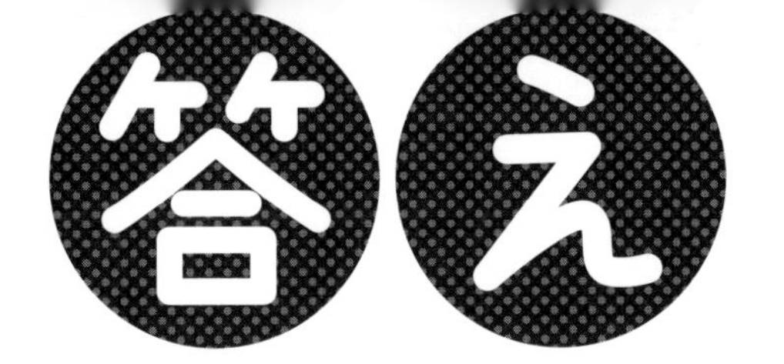

●ドリルやテストが終わったら、うしろの「がんばり表」に色をぬりましょう。
●まちがったら、かならずやり直しましょう。「考え方」もよみ直しましょう。

1. ① 一億をこえる数 1ページ

❶ ①十億 ②一億 ③千万 ④十万 ⑤一万
❷ ①9 ②2 ③十兆の位
❸ ①㋐3 ㋑6 ②36
❹ ㋐9900億 ㋑1兆600億 ㋒1兆1200億

考え方 ❷ 億や兆のような大きな数をよみかきするときは、右から順に4けたごとに区切って考えます。位は次のような順になります。

千	百	十	一	千	百	十	一	千	百	十	一	千	百	十	一
			兆				億				万				

2. ① 一億をこえる数 2ページ

❶ ①10倍した数 ……6億
100倍した数……60億
10でわった数 …600万
100でわった数…60万
②10倍した数 ……8兆
100倍した数……80兆
10でわった数 …800億
100でわった数…80億
❷ ①9876543210 ②1023456789 ③1023456798

考え方 ❷ ③いちばん小さい数の一の位と十の位の数字を入れかえます。

3. ① 一億をこえる数 3ページ

❶ ①75億 ②23兆
❷ ①㋐2500 ㋑100 ㋒3250000 ㋓100 ㋔10000(1万)
②㋐1万 ㋑万 ㋒億 ㋓1万 ㋔1億
❸ ①8680000 ②868万 ③868億 ④868兆

考え方 ❸ 868に0がいくつつくかを考えます。

4. ① 一億をこえる数 4ページ

❶ ①1408 ②10560 ③200 ④82368
❷
① 143 ×262 → 286, 858, 286 → 37466
② 274 ×345 → 1370, 1096, 822 → 94530
③ 327 ×183 → 981, 2616, 327 → 59841
④ 92 ×126 → 552, 184, 92 → 11592
⑤ 65 ×319 → 585, 65, 195 → 20735
⑥ 542 ×102 → 1084, 542 → 55284
⑦ 458 ×301 → 458, 1374 → 137858
⑧ 248 ×207 → 1736, 496 → 51336
⑨ 307 ×809 → 2763, 2456 → 248363
⑩ 209 ×708 → 1672, 1463 → 147972
⑪ 4300 ×260 → 258, 86 → 1118000
⑫ 480 ×3200 → 96, 144 → 1536000

考え方 ❷ ⑥～⑩まん中の000を省いても計算できます。

5. ② 折れ線グラフ 5ページ

❶ ①1度
②22度
③午前8時と午後6時
④午後2時から午後6時まで
⑤午前10時から午前12時まで
⑥午後4時から午後6時まで

考え方 ❶ ⑤、⑥ かたむきがいちばん急なところをみつけます。

6 ② 折(お)れ線グラフ　6ページ

❶ ① 時こく　② 気温　③ 直線

❷

地面の温度 (6月5日調べ)

(度) 40、35、30、25、20、0

午前6、8、10、12、午後2、4、6 (時)

❸ 午後2時

おうちのかたへ 折れ線グラフでは、変わり方がよくわかるように、1目もりをいくつにとるかがポイントになります。

7 ③ 1けたでわるわり算の筆算　7ページ

❶ ①1　②6　③4　④4　⑤24

❷
① 34÷2＝17（2, 14, 14, 0）
② 65÷5＝13（5, 15, 15, 0）
③ 96÷4＝24（8, 16, 16, 0）
④ 91÷7＝13（7, 21, 21, 0）
⑤ 78÷3＝26（6, 18, 18, 0）
⑥ 96÷8＝12（8, 16, 16, 0）
⑦ 85÷5＝17（5, 35, 35, 0）
⑧ 90÷6＝15（6, 30, 30, 0）

考え方 たてる→かける→ひく→おろす をくり返して計算します。

8 ③ 1けたでわるわり算の筆算　8ページ

❶ ① 69÷4＝17 あまり 1（4, 29, 28, 1）　② 4×17＋1＝69

❷
① 69÷3＝23（6, 9, 9, 0）
② 81÷2＝40 あまり 1（8, 1, 0, 1）

❸
① 31÷2＝15 あまり 1（2, 11, 10, 1）
② 48÷2＝24（4, 8, 8, 0）
③ 92÷3＝30 あまり 2（9, 2, 0, 2）

① **たしかめ** 2×15+1=31

③ **たしかめ** 3×30+2=92

考え方 わる数×商(しょう)＋あまり＝わられる数で答えのたしかめをします。

9 ③ 1けたでわるわり算の筆算　9ページ

❶
① 858÷6＝143（6, 25, 24, 18, 18, 0）
② 496÷3＝165 あまり 1（3, 19, 18, 16, 15, 1）

❷
① 578÷2＝289（4, 17, 16, 18, 18, 0）
② 816÷6＝136（6, 21, 18, 36, 36, 0）
③ 828÷6＝138（6, 22, 18, 48, 48, 0）
④ 776÷4＝194（4, 37, 36, 16, 16, 0）
⑤ 675÷5＝135（5, 17, 15, 25, 25, 0）
⑥ 912÷6＝152（6, 31, 30, 12, 12, 0）

⑦
```
   124
5)623
  5
  12
  10
   23
   20
    3
```
⑧
```
   239
3)718
  6
  11
   9
   28
   27
    1
```

10. ③ 1けたでわるわり算の筆算 10ページ

1 ①
```
   106
5)530
  5
   3
   0
   30
   30
    0
```
②
```
    43
7)301
  28
   21
   21
    0
```
③
```
    60
8)485
  48
   5
   0
   5
```

2 ①
```
   205
3)615
  6
   1
   0
   15
   15
    0
```
②
```
   208
4)832
  8
   3
   0
   32
   32
    0
```
③
```
   107
8)860
  8
   6
   0
   60
   56
    4
```
④
```
   102
7)715
  7
   1
   0
   15
   14
    1
```
⑤
```
    79
3)237
  21
   27
   27
    0
```
⑥
```
    97
5)485
  45
   35
   35
    0
```

考え方 はじめの位(くらい)に商(しょう)がたたないときや、商に0がたつときは注意しましょう。

11. ③ 1けたでわるわり算の筆算 11ページ

1 ①20　②八　③8　④28　⑤28

2 ①13　②13　③23　④33　⑤19
⑥15　⑦12　⑧17　⑨15　⑩18
⑪15　⑫29　⑬23　⑭16　⑮49

考え方 十の位から考えましょう。

12. ③ 1けたでわるわり算の筆算 12ページ

1 ①27　②27　③12
④11あまり2　⑤24あまり1
⑥10あまり4　⑦185
⑧190あまり1　⑨34
⑩20あまり2

2 ①商 14 **あまり** 3
②5×14+3=73

3 **式** 37÷3=12あまり1
答え 12ふくろできて、1こあまる。

おうちのかたへ わり算の筆算のテストでは、時間があれば、答えの確かめをしましょう。点数アップにつながります。

13. ④ 角とその大きさ 13ページ

1 直角、2
3、4

2 90、135

3 あ45°　い130°　う20°
え50°　お70°　か145°

考え方 **2** 目もりに数字が2つあります。90°より大きい角かどうかに気をつけます。

14. ④ 角とその大きさ 14ページ

1 あ[180]°−[45]°=[135]°
い45°+[60]°=[105]°
う[45]°−[30]°=[15]°

2 あ[40]°+[30]°=[70]°
い[90]°−[60]°=[30]°

3 あ200°　い270°　う320°

考え方 **3** 180°より何度大きいか、360°より何度小さいかをはかります。

15. ④ 角とその大きさ 15ページ

1 ①ア　②0　③50

2 ①　②

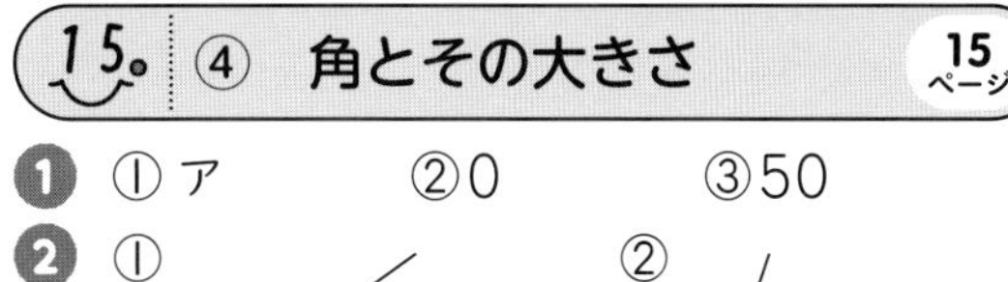

③　④

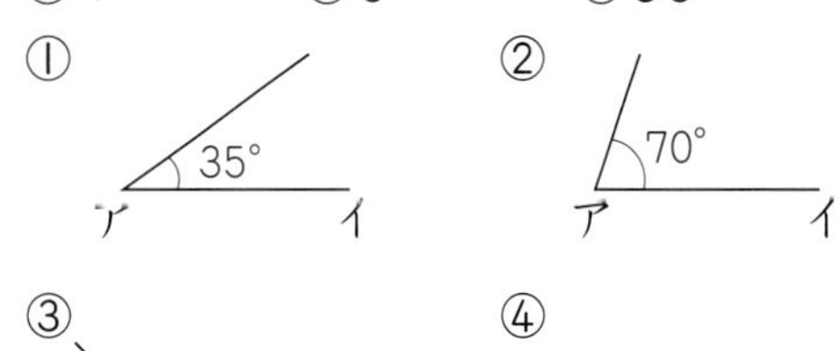

⑤

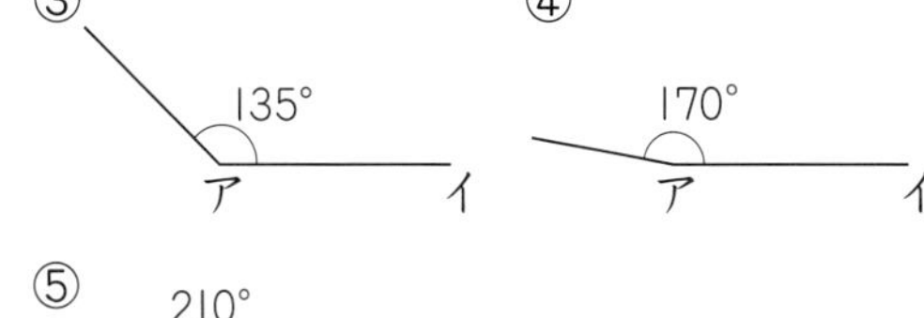

❸

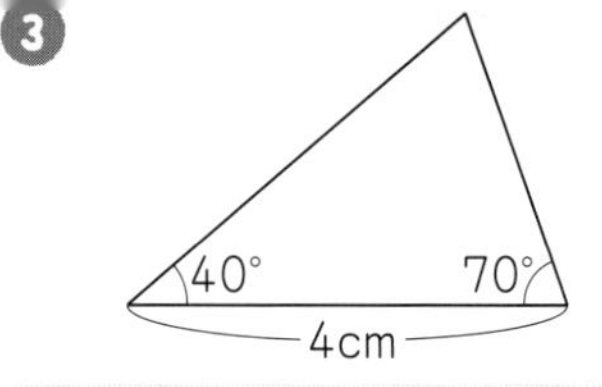

考え方 ❸ 分度器を使って、40°と70°の大きさの角をかきましょう。

16。⑤ 垂直・平行と四角形 16ページ

❶ ㋑、㋓

❷ ㋓

❸ ㋐平行　㋑平行　㋒4

❹ 垂直…辺AD、辺BC　平行…辺DC

考え方 ❶ 2本の直線が垂直かどうかは三角じょうぎの直角をあててたしかめます。

17。⑤ 垂直・平行と四角形 17ページ

❶

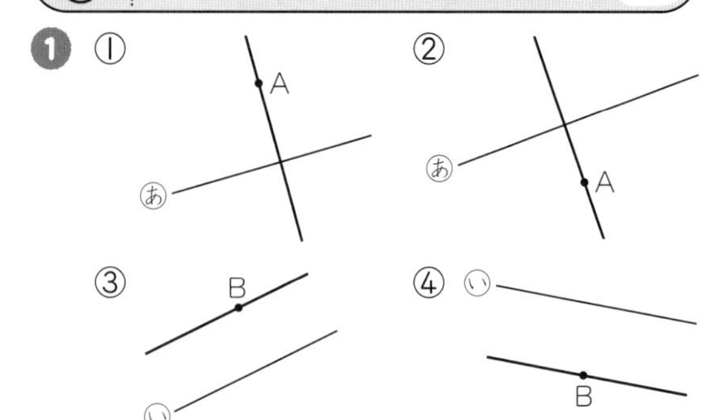

❷ 垂直　㋐と㋖、㋑と㋕、㋒と㋖、㋓と㋕
平行　㋐と㋒、㋑と㋓

❸

あ　A

考え方 ❶ 1組の三角じょうぎを使います。

18。⑤ 垂直・平行と四角形 18ページ

❶ 台形　㋐、㋑、㋓
平行四辺形　㋒、㋔

❷ ① 5cm　② 3cm　③ 120°　④ 60°

❸

考え方 ❷ 平行四辺形の向かいあう辺の長さと角の大きさは等しくなっています。

19。⑤ 垂直・平行と四角形 19ページ

❶ ㋑、㋓、㋕、㋖

❷ ①4cm　②4cm　③4cm
④140°　⑤40°

❸ 答え　ひし形
わけ　(例) 1辺の長さは、どれも円の半径2つ分なので、4つの辺の長さがすべて等しくなるから。

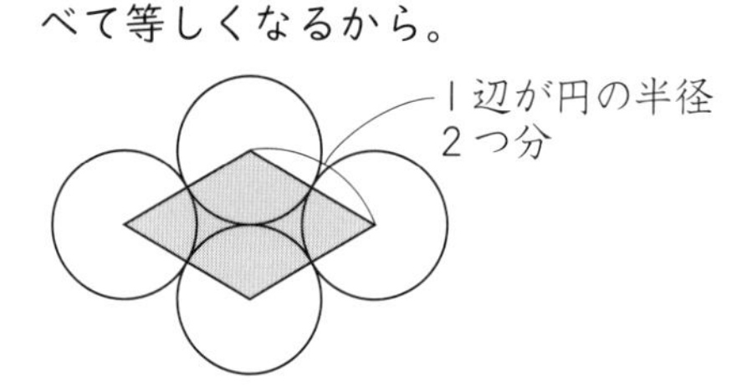

考え方 ひし形は辺の長さがすべて等しく、向かいあう2組の辺が平行で、向かいあう角の大きさは等しくなっています。

20。⑤ 垂直・平行と四角形 20ページ

❶ ①

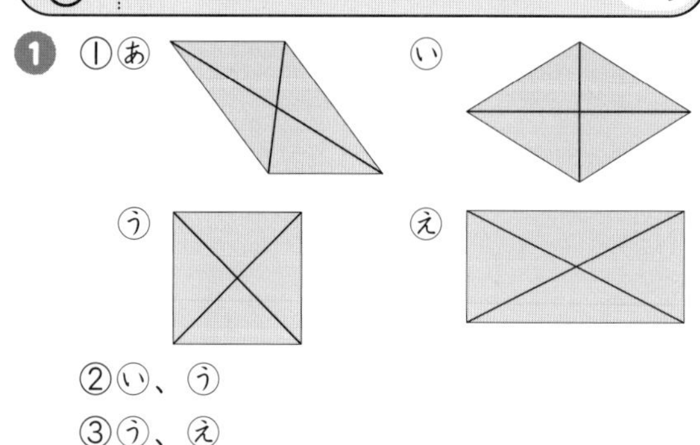

②㋑、㋒
③㋒、㋓

❷ ①

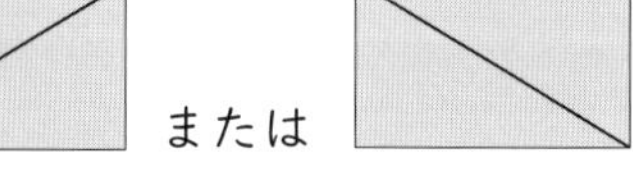

または

②(形も大きさも同じ)直角三角形

考え方 ❶ ひし形や正方形は、対角線がそれぞれのまん中で垂直に交わっています。正方形や長方形は、2本の対角線の長さが等しい四角形です。

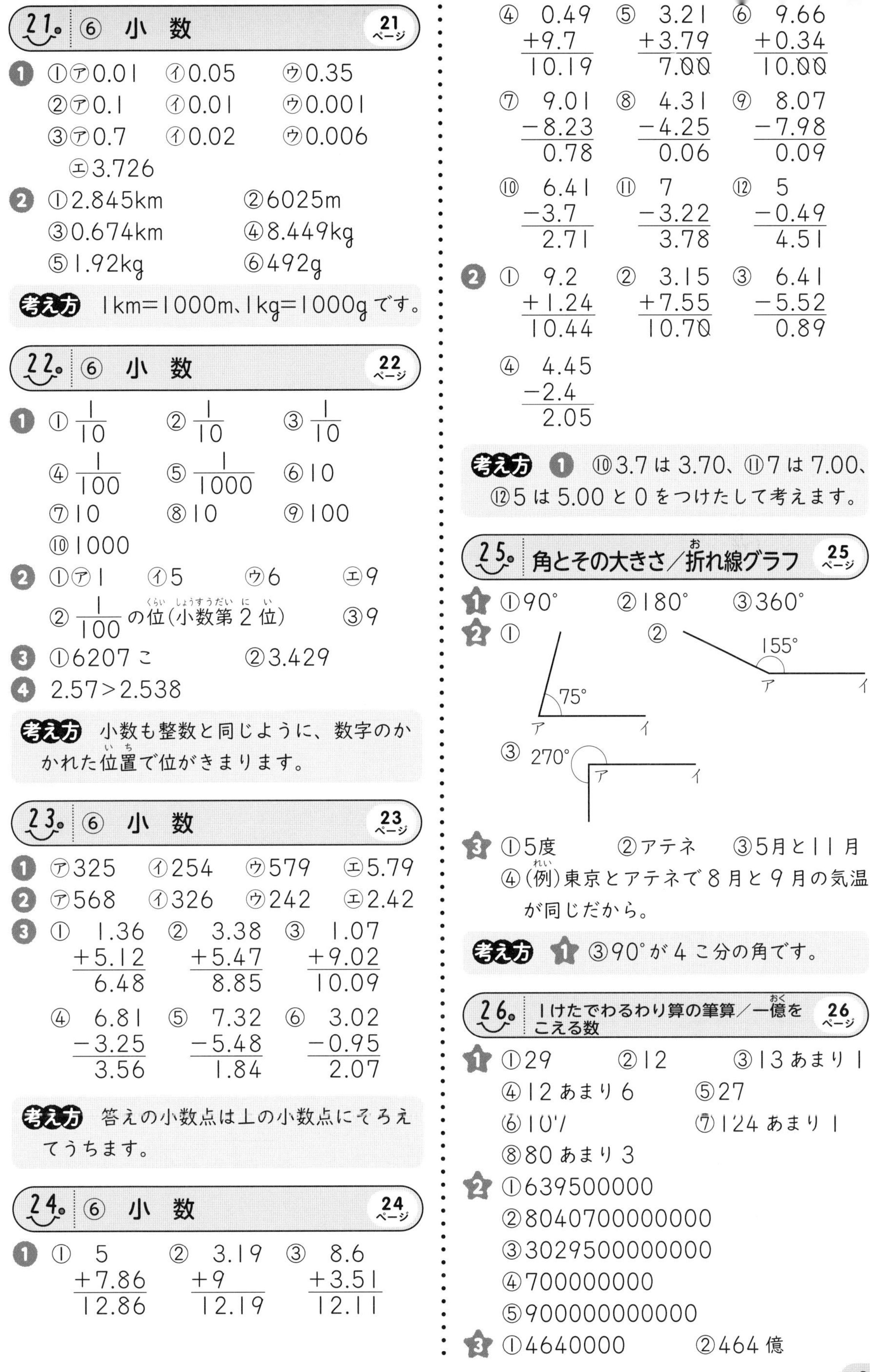

21. ⑥ 小数 21ページ

1 ①㋐0.01　㋑0.05　㋒0.35
②㋐0.1　㋑0.01　㋒0.001
③㋐0.7　㋑0.02　㋒0.006
㋓3.726

2 ①2.845km　②6025m
③0.674km　④8.449kg
⑤1.92kg　⑥492g

考え方 1km=1000m、1kg=1000gです。

22. ⑥ 小数 22ページ

1 ① $\frac{1}{10}$　② $\frac{1}{10}$　③ $\frac{1}{10}$
④ $\frac{1}{100}$　⑤ $\frac{1}{1000}$　⑥10
⑦10　⑧10　⑨100
⑩1000

2 ①㋐1　㋑5　㋒6　㋓9
② $\frac{1}{100}$ の位（小数第2位）　③9

3 ①6207こ　②3.429

4 2.57>2.538

考え方 小数も整数と同じように、数字のかかれた位置で位がきまります。

23. ⑥ 小数 23ページ

1 ㋐325　㋑254　㋒579　㋓5.79

2 ㋐568　㋑326　㋒242　㋓2.42

3
① 1.36 + 5.12 = 6.48
② 3.38 + 5.47 = 8.85
③ 1.07 + 9.02 = 10.09
④ 6.81 − 3.25 = 3.56
⑤ 7.32 − 5.48 = 1.84
⑥ 3.02 − 0.95 = 2.07

考え方 答えの小数点は上の小数点にそろえてうちます。

24. ⑥ 小数 24ページ

1
① 5 + 7.86 = 12.86
② 3.19 + 9 = 12.19
③ 8.6 + 3.51 = 12.11
④ 0.49 + 9.7 = 10.19
⑤ 3.21 + 3.79 = 7.0̸0̸
⑥ 9.66 + 0.34 = 10.0̸0̸
⑦ 9.01 − 8.23 = 0.78
⑧ 4.31 − 4.25 = 0.06
⑨ 8.07 − 7.98 = 0.09
⑩ 6.41 − 3.7 = 2.71
⑪ 7 − 3.22 = 3.78
⑫ 5 − 0.49 = 4.51

2
① 9.2 + 1.24 = 10.44
② 3.15 + 7.55 = 10.7̸0̸
③ 6.41 − 5.52 = 0.89
④ 4.45 − 2.4 = 2.05

考え方 **1** ⑩3.7は3.70、⑪7は7.00、⑫5は5.00と0をつけたして考えます。

25. 角とその大きさ／折れ線グラフ 25ページ

1 ①90°　②180°　③360°

2 ①　②　③

3 ①5度　②アテネ　③5月と11月
④（例）東京とアテネで8月と9月の気温が同じだから。

考え方 **1** ③90°が4こ分の角です。

26. 1けたでわるわり算の筆算／一億をこえる数 26ページ

1 ①29　②12　③13あまり1
④12あまり6　⑤27
⑥107　⑦124あまり1
⑧80あまり3

2 ①639500000
②8040700000000
③3029500000000
④700000000
⑤900000000000

3 ①4640000　②464億

27. 垂直・平行と四角形／小 数　27ページ

1 ①　②

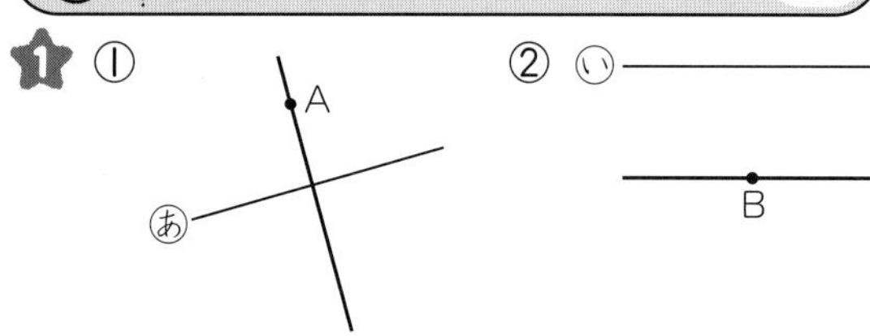

2 ①

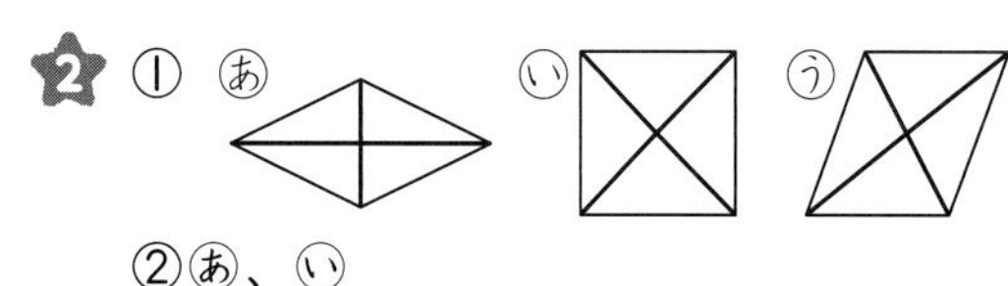

②あ、い

3 ①0.83km　②3290g

4 ①5.29　②10.02　③11.73
④3.93　⑤2.96　⑥7.86

おうちのかたへ　小数のたし算、ひき算は、小数点の打ち忘れに注意しましょう。

28. ⑦ 2けたでわるわり算の筆算　28ページ

1 ①2　②7　③1
④4　⑤9　⑥5

2 ①4　②10
③20　④4　⑤10　⑥90

3 ①1あまり20　②1あまり30
③3あまり10　④6あまり70
⑤8あまり10　⑥9あまり30
⑦8あまり20　⑧7あまり10

考え方　**2**　10円玉で考えると、
9÷2=4 あまり 1
となりますが、あまりの 1 は 10 円玉が 1 こ分なので、答えのあまりは 10 です。

29. ⑦ 2けたでわるわり算の筆算　29ページ

1

```
①     2   ②     4   ③     3
  34)68     22)88     24)72
     68        88        72
      0         0         0
```

2

```
①      6   ②      6
  22)132     63)379
     132        378
       0          1
```

考え方　わられる数が、2 けたでも 3 けたでも筆算のやり方は同じです。

30. ⑦ 2けたでわるわり算の筆算　30ページ

1

```
①      7   ②      8   ③      8
  23)161     34)272     46)368
     161        272        368
       0          0          0

④      6   ⑤      7   ⑥      7
  15)90      47)329     58)406
     90         329        406
      0           0          0

⑦      9   ⑧      9   ⑨      7
  56)504     78)702     16)112
     504        702        112
       0          0          0
```

2 式　196÷28=7　答え　7 こ

考え方　**1**　見当をつけた商(しょう)が大きすぎるときは、商を 1 ずつ小さくしていきます。

31. ⑦ 2けたでわるわり算の筆算　31ページ

1

```
①     35   ②     20
  25)875     38)780
     75         76
     125         20
     125          0
       0         20
```

2

```
①     31   ②     27   ③     16
  18)558     34)918     27)432
     54         68         27
      18        238        162
      18        238        162
       0          0          0

④     23   ⑤     22   ⑥     32
  37)861     42)925     19)609
     74         84         57
     121         85         39
     111         84         38
      10          1          1

⑦     30   ⑧     20
  25)765     36)720
     75         72
      15          0
       0          0
      15          0
```

考え方　**1**　②

```
     20
38)780
   76
    20
```

このように計算してもよいです。

32。 ⑦ 2けたでわるわり算の筆算 32ページ

❶ ①
```
     152
  23)3496
     23
     119
     115
      46
      46
       0
```
②
```
     217
  41)8927
     82
      72
      41
      317
      287
       30
```
③
```
     123
  42)5166
     42
      96
      84
      126
      126
        0
```
④
```
     216
  29)6264
     58
      46
      29
      174
      174
        0
```
⑤
```
     435
  17)7395
     68
      59
      51
       85
       85
        0
```
⑥
```
      80
  95)7692
     760
       92
        0
       92
```
⑦
```
       19
  276)5244
      276
      2484
      2484
         0
```
⑧
```
       17
  493)8381
      493
      3451
      3451
         0
```
⑨
```
       31
  171)5437
      513
       307
       171
       136
```
⑩
```
       11
  856)9483
      856
       923
       856
        67
```

考え方 けた数がふえても、筆算のやり方は同じです。

33。 ⑦ 2けたでわるわり算の筆算 33ページ

❶ ①10　②10　③2
④2　⑤160

❷ ㋑、㋓、㋕、㋖、㋘

❸ ①800÷400＝8÷4＝2
②2400÷600＝24÷6＝4
③4000÷500＝40÷5＝8
④36万÷4万＝36÷4＝9
⑤54万÷9万＝54÷9＝6

考え方 わり算では、わられる数とわる数に同じ数をかけても、わられる数とわる数を同じ数でわっても、商は同じになります。

34。 ⑦ 2けたでわるわり算の筆算 34ページ

❶ ①㋐10　㋑5　㋒34
②㋐10　㋑4　㋒34
③㋐10　㋑5　㋒2　㋓34

❷ ①400÷25＝1600÷100＝16
②2300÷25＝9200÷100＝92
③7000÷250＝700÷25
＝2800÷100
＝28
④5500÷250＝550÷25
＝2200÷100
＝22
⑤9500÷250＝950÷25
＝3800÷100
＝38

考え方 ❷ 25×4＝100を使います。
または、わられる数とわる数を5でわっても求められます。

35。 ⑦ 2けたでわるわり算の筆算 35ページ

❶ ①
```
      3
  26)78
     78
      0
```
②
```
       8
  15)120
     120
       0
```
③
```
       9
  34)306
     306
       0
```
④
```
      12
  68)816
     68
     136
     136
       0
```
⑤
```
      12
  81)972
     81
     162
     162
       0
```
⑥
```
      20
  27)560
     54
      20
       0
      20
```
⑦
```
      18
  46)845
     46
     385
     368
      17
```
⑧
```
     219
  29)6351
     58
      55
      29
      261
      261
        0
```
⑨
```
       40
  199)7960
      796
        0
        0
        0
```
⑩
```
       21
  431)9317
      862
       697
       431
       266
```

2 ①600÷300＝6÷3＝2
②5600÷800＝56÷8＝7
③64万÷8万＝64÷8＝8
④7500÷250＝750÷25
＝3000÷100
＝30

3 式　420÷15＝28

答え　28こ

考え方 2 ④次の計算のしかたもあります。
7500÷250＝750÷25＝150÷5＝30

おうちのかたへ　わり算の筆算は、けた数が増えても、次のくり返しです。

たてる→かける→ひく→おろす

たてた商が正しいかどうか、あまりを見ながら進めていきます。

36. ⑧ 式と計算の順(じゅん)じょ　36ページ

1 ① 式　150＋(110×2)＝370

答え　370円

② 式　500－(150×3)＝50

答え　50円

2 ①㋒48　②㋑80　③㋐26
④㋑22　⑤㋒36　⑥㋐128
⑦㋑8

考え方 計算の順じょを考えて計算します。
(　)の中をさきに計算
⇩
＋、－より×、÷をさきに計算

37. ⑧ 式と計算の順じょ　37ページ

1 ①92　②30　③6、6
④31　⑤8　⑥40

2 ①45＋32＋68＝45＋(32＋68)
＝45＋100＝145
②21＋64＋79＝64＋21＋79
＝64＋(21＋79)＝64＋100＝164
③25×24＝25×(4×6)
＝(25×4)×6＝600
④106×12＝(100＋6)×12
＝1200＋72＝1272

考え方 2 ④106×12＝(100＋6)×12
＝100×12＋6×12として計算します。

38. ⑧ 式と計算の順じょ　38ページ

1 ①㋑　②㋒　③㋐

2 ① 式　□＝60－32＝28

答え　28

② 式　□＝72＋17＝89

答え　89

③ 式　□＝45÷9＝5

答え　5

④ 式　□＝35×5＝175

答え　175

考え方 1 ①は2の7こ分と3の7こ分をあわせているので、㋑。

39. ⑨ 割　合　39ページ

1 式　15÷3＝5

答え　5倍

2 ① 式　100×4＝400

答え　400g

② 式　400÷8＝50

答え　50g

考え方 1 何倍かを求(もと)めるときは、わり算を使って計算します。

40. ⑨ 割　合　40ページ

1 ①

② 式　240÷3＝80
80÷2＝40

答え　40円

③ 式　2×3＝6
240÷6＝40

答え　40円

2 式　5×2＝10　130÷10＝13

答え　13まい

考え方 2 何倍になるかを図にかいて考えましょう。

41. そろばん 41ページ

❶ ①12.57　②310.18
③15921.3575　④8億

❷ ① 式 5.86+2.77　答え 8.63
② 式 3.48−2.64　答え 0.84

❸ ①7.1　②2.67　③79億
④53兆　⑤90　⑥9.2

考え方 定位点のあるけたを一の位として考えます。小数点の計算では、とくに、どこが一の位かをしっかりかくにんしましょう。

42. ⑩ 面積 42ページ

❶ ①6　②6

❷ ① 式 [2]×[4]=[8]
答え [8]cm^2
② 式 [2]×[2]=[4]
答え [4]cm^2

❸ ① 式 20×15=300
答え 300cm^2
② 式 12×12=144
答え 144cm^2

考え方 面積の公式はいろいろな単元で出てくるので、しっかりおぼえておきましょう。

43. ⑩ 面積 43ページ

❶ ① [3]×[5]=[15]
[4]×[8]=[32]
[15]+[32]=[47]　答え [47]cm^2
② [7]×[5]=[35]
[4]×[3]=[12]
[35]+[12]=[47]　答え [47]cm^2
③ [7]×[8]=[56]
[3]×[3]=[9]
[56]−[9]=[47]　答え [47]cm^2

❷ (例)13×14=182
6×5=30
182−30=152　152cm^2

考え方 いろいろな図形の面積は、長方形や正方形に分けて求めます。

44. ⑩ 面積 44ページ

❶ 式 [8]×[7]=[56]
答え [56]m^2

❷ 式 4×4=16
答え 16m^2

❸ ①100　②100　③10000
④10000

❹ ① 式 100×500=50000
答え 50000cm^2
② 式 1×5=5
答え 5m^2

考え方 面積の単位が変わっても、面積を求める公式が使えます。
長方形の面積＝たて×横
正方形の面積＝1辺×1辺

45. ⑩ 面積 45ページ

❶ 式 [5]×[4]=[20]
答え [20]km^2

❷ 式 [8]×[8]=[64]
答え [64]km^2

❸ ①1000000　②1000000

❹ ①84km^2　②225km^2

考え方 ❹ ①12×7=84
②15×15=225

46. ⑩ 面積 46ページ

❶ ①10　②100

❷ ①㋐4　㋑2　㋒4　㋓8
㋔8
②㋐3　㋑3　㋒3　㋓9
㋔9

❸ ①100　②100　③100

考え方 ❷ ①1aの面積が何こあるかを考えます。
②1haの面積が何こあるかを考えます。

47。 ⑩ 面積 47ページ

1 ① たて、横(横、たて でもよい)
② |辺、|辺
③ 10000
④ 1000000

2 ① $324cm^2$ ② $60m^2$ ③ $56km^2$

3 式 72÷6=12 答え 12cm

4 ① $162cm^2$ ② $48m^2$

おうちのかたへ 面積の公式を使えるようにしておきましょう。面積の単位にも注意しましょう。

48。 ⑪ がい数とその計算 48ページ

1 ①㋐6 ㋑上げ ㋒3000
②㋐3 ㋑捨て ㋒5000

2 ①㋐4 ㋑捨て ㋒8000
②㋐7 ㋑上げ ㋒52000

3 ①25000 ②920000
③7500000 ④7000

考え方 **2** ① 上から|けたのがい数にするときは、上から2つ目の位の数字を四捨五入します。

49。 ⑪ がい数とその計算 49ページ

1 ①500 ②600 ③600
④700 ⑤550 ⑥649
⑦550 ⑧650

2

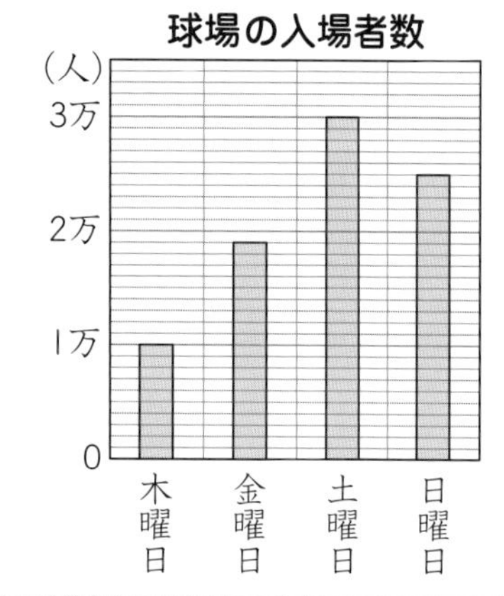

考え方 **2** ぼうグラフの|目もりは、1000人です。また、木~日の入場者数のがい数は、木:10000人、金:19000人、土:30000人、日:25000人です。

50。 ⑪ がい数とその計算 50ページ

1 ① 約27000円 ②約46000円
③ 式 27000+46000=73000
答え 約73000円
④ 式 46000−27000=19000
答え 約19000円

2 式 かい中電灯 約2000円
ドライヤー 約6300円
代金 2000+6300=8300
ちがい 6300−2000=4300
答え 代金 約8300円
ちがい 約4300円

考え方 和や差を、ある位までのがい数で求めるときは、それぞれの数をがい数になおしてから計算します。

51。 ⑪ がい数とその計算 51ページ

1 ①600、300
② 式 600×300=180000
答え 約180000

2 式 900×400=360000
答え 約360000円

3 ①200000、400
② 式 200000÷400=500
答え 約500

52。 わすれてもだいじょうぶ 52ページ

1 ①㋐わる ㋑400 ㋒ひく ㋓640
②㋐240 ㋑400 ㋒400 ㋓80
㋔80

2 式 300+20=320
320÷8=40 答え 40円

3 式 12−3=9
9×3=27 答え 27こ

考え方 図に表して、順にもどして求めます。
2

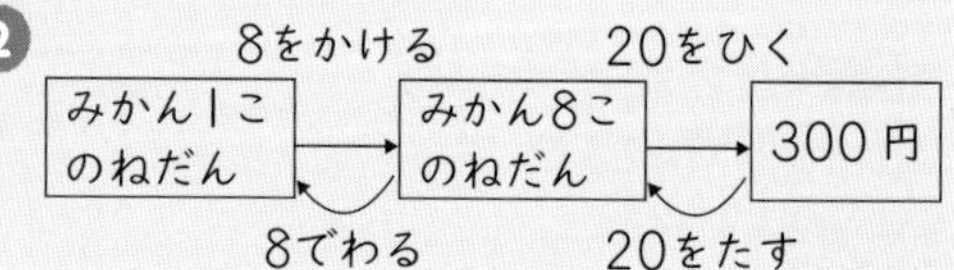

53。 ⑫ 小数のかけ算とわり算 53ページ

❶ ①㋐3 ㋑3 ㋒2 ㋓0.6
②㋐10 ㋑10 ㋒0.6
③㋐5 ㋑5 ㋒3 ㋓1.5
④㋐10 ㋑10 ㋒1.5
⑤㋐4 ㋑4 ㋒6 ㋓0.24
⑥㋐100 ㋑100 ㋒0.24

❷ ①1.2 ②2.4 ③0.06
④0.4 ⑤5.6 ⑥3.6
⑦0.88 ⑧0.6

考え方 かけられる数が0.1や0.01の何こ分かを考えれば、整数のかけ算と同じように計算できます。

54。 ⑫ 小数のかけ算とわり算 54ページ

❶ ㋐24 ㋑7.2 ㋒7.2

❷

①	②	③
1.7 × 4 6.8	6.5 × 5 32.5	4.6 × 3 13.8

④	⑤	⑥
12.9 × 6 77.4	0.37 × 4 1.48	2.47 × 2 4.94

⑦	⑧	⑨
1.19 × 8 9.52	8.6 × 5 43.0	0.43 × 2 0.86

考え方 小数のかけ算の筆算も、整数のときと同じように計算します。答えの小数点は、かけられる数と同じところにうちます。

55。 ⑫ 小数のかけ算とわり算 55ページ

❶

①	②	③
4.9 ×26 294 98 127.4	2.7 ×36 162 81 97.2	6.7 ×42 134 268 281.4

④	⑤	⑥
7.2 ×16 432 72 115.2	8.6 ×24 344 172 206.4	0.17 × 34 68 51 5.78

⑦	⑧	⑨
0.65 × 45 325 260 29.25	0.79 × 26 474 158 20.54	1.35 × 63 405 810 85.05

⑩	⑪	⑫
1.49 × 65 745 894 96.85	7.2 ×15 360 72 108.0	3.8 ×50 190.0

⑬	⑭	⑮
4.5 ×60 270.0	2.34 × 30 70.20	0.77 × 40 30.80

⑯
3.28 × 25 1640 656 82.00

❷ 式 2.6×12=31.2 答え 31.2cm

考え方 かける数が2けたの場合でも、整数のときと同じように計算して、あとで小数点をうちます。

56。 ⑫ 小数のかけ算とわり算 56ページ

❶ ①㋐6 ㋑6 ㋒2 ㋓0.3
②㋐10 ㋑10 ㋒0.3
③㋐30 ㋑30 ㋒5 ㋓0.6
④㋐10 ㋑10 ㋒0.6

❷ ①0.4 ②0.1 ③0.3
④0.03 ⑤0.06 ⑥0.09
⑦0.4 ⑧0.5 ⑨0.08
⑩0.07 ⑪0.08 ⑫0.08

考え方 わられる数が0.1や0.01の何こ分かを考えれば、整数のわり算と同じように計算できます。

57 ⑫ 小数のかけ算とわり算 57ページ

1 ㋐72　㋑1.8　㋒1.8

2

```
①    2.3     ②    1.5     ③    8.6
  4)9.2        5)7.5        4)34.4
    8            5            32
    12           25            24
    12           25            24
     0            0             0

④    6.6     ⑤    8.1     ⑥   0.76
  6)39.6       4)32.4       3)2.28
    36           32           21
     36            4           18
     36            4           18
      0            0            0

⑦   0.51     ⑧  0.029     ⑨  0.093
  8)4.08       7)0.203      5)0.465
    40            14           45
      8           63           15
      8           63           15
      0            0            0
```

考え方 **2** 答えの小数点は、わられる数の小数点にそろえてうちます。

58 ⑫ 小数のかけ算とわり算 58ページ

1

```
①     2.8    ②     3.2    ③     2.6
 17)47.6      16)51.2      24)62.4
    34           48           48
    136           32          144
    136           32          144
      0            0            0

④     0.6    ⑤     0.7    ⑥     0.8
 12)7.2       34)23.8      46)36.8
    72           238          368
     0             0            0

⑦    0.06    ⑧    0.08
 52)3.12      78)6.24
    312          624
      0            0
```

2 ①商(しょう)12　あまり 1.3
②商6　あまり 2.6

考え方 わる数が2けたの場合でも、1けたのときと同じように計算します。

59 ⑫ 小数のかけ算とわり算 59ページ

1

```
①    3.25        ②   4.5
  6)19.50          4)18
    18               16
     15               20
     12               20
      30               0
      30
       0

③   0.325        ④     0.625
  8)2.6           24)150
    24               144
     20                60
     16                48
      40               120
      40               120
       0                 0
```

2 ①㋐1.2　㋑1　②㋐5.4　㋑5

```
     1.22               4
  9)11                5.37
    9            27)145
    20              135
    18               100
    20                81
    18                190
     2                189
                        1
```

③㋐0.4
㋑0.4

```
       0.43
  38)16.6
     152
      140
      114
       26
```

考え方 わられる数に0をつけたすと、さらにわり算を進めることができます。

60 ⑫ 小数のかけ算とわり算 60ページ

1 ① 式 36÷30=1.2　答え 1.2倍
② 式 54÷30=1.8　答え 1.8倍

2 ① 式 120÷96=1.25
答え 1.25倍
② 式 72÷96=0.75
答え 0.75倍

考え方 1.2倍は、もとにする数を1とみるとき、くらべられる数が1.2にあたることを表します。

61。 ⑫ 小数のかけ算とわり算 61ページ

1 ①3.5　②3　③0.48
④0.8　⑤0.05

2 ①9.6　②8.5　③1.71　④3.36
⑤116.1　⑥55.1　⑦1.6　⑧2.8
⑨0.8　⑩0.16　⑪0.85　⑫0.675

3 ①㋐3.8　㋑4
②㋐0.7　㋑0.7

おうちのかたへ　**3** がい数で表すときは、求められている位の１つ下の位の数字を四捨五入することを押さえておきましょう。

62。 2けたでわるわり算の筆算／割合 式と計算の順じょ 62ページ

1 ①6　②5　③8
④12　⑤19　⑥27 あまり 9
⑦12 あまり 19　⑧28

2 式　960÷6＝160

答え　160円

3 ①16　②8　③1　④2

4 ①174　②9

考え方　**4** ①74 をひいて 100 なので 100 に 74 をたします。
②6をかけて 54 なので 54 を 6 でわります。

おうちのかたへ　**3** 計算の順序をしっかりと覚えておきましょう。
(　)の中→×、÷ → ＋、－

63。 面積／がい数とその計算／小数のかけ算とわり算 63ページ

1 ①44m²　②81cm²

2 2450 以上 2549 以下
2450 以上 2550 未満

3 ①7.2　②91.2　③35.96　④39.6
⑤2.3　⑥2.7　⑦2.6　⑧6.9

おうちのかたへ　小数のかけ算、わり算は、これからの学習にもとても大切です。しっかり身につけておきましょう。

64。 ⑬ 調べ方と整理のしかた 64ページ

1 ①　1週間のけが調べ(場所別の人数)

場所	人数(人)	
運動場	正一	6
中庭	正	5
体育館	下	3
教室	𠀋	4
その他	下	3
合計		21

②運動場

2 けがの種類と体の部分別のけが調べ(人)

けがの種類＼体の部分	足		手		うで		顔		合計
すりきず	𠀋	4	一	1		0	一	1	6
切りきず	一	1	T	2		0	一	1	4
ねんざ	一	1	一	1		0		0	2
打ぼく	下	3	一	1	一	1		0	5
その他	一	1	一	1	T	2		0	4
合計	10		6		3		2		21

考え方　左に正の字をかき、右に数字をかきます。

65。 どれにしようかな 65ページ

1 ①17人　②10人　③15人

2 ①　兄弟、姉妹がいる人調べ(人)

姉妹＼兄弟	いる	いない	合計
いる	21	4	25
いない	㋐ 7	6	13
合計	28	10	38

②(例)兄弟はいるが、姉妹はいない人

考え方　**1** 下の表をつくって考えます。

組＼月	1～6月	7～12月	合計
1組	10	19	29
2組	15	17	32
合計	25	36	61

2 表のたて、横をみて、2つ数字がはいっているところをさがします。2つはいっていれば、残りの1つを求めることができます。

66 ⑭ 分数 (66ページ)

❶ ① $\frac{4}{3}$m　② $\frac{6}{4}$m

❷ 真分数 あ、え　仮分数 い、う、お

❸ ㋐ $\frac{1}{3}$　㋑ 8　㋒ $\frac{8}{3}$

❹ ① $1\frac{1}{4}$　② $1\frac{2}{3}$　③ 2

④ $1\frac{6}{7}$　⑤ $1\frac{3}{8}$　⑥ $1\frac{6}{9}$

❺ ① $\frac{7}{2} > 2\frac{1}{2}$　② $1\frac{3}{5} = \frac{8}{5}$

考え方 分子が分母より小さい分数→真分数
分子が分母と等しいか、分母より大きい分数→仮分数
整数と真分数の和になっている分数→帯分数

67 ⑭ 分数 (67ページ)

❶ ①㋐ 2　㋑ 3　㋒ 2

㋓ 3　㋔ $\frac{5}{4}$　㋕ $1\frac{1}{4}$

②㋐ 6　㋑ 2　㋒ 6

㋓ 2　㋔ $\frac{4}{4}$　㋕ 1

❷ ① $\frac{6}{5}\left(1\frac{1}{5}\right)$　② $\frac{9}{8}\left(1\frac{1}{8}\right)$　③ $\frac{6}{3}$(2)

④ $\frac{12}{7}\left(1\frac{5}{7}\right)$　⑤ $\frac{4}{6}$

⑥ $\frac{4}{7}$　⑦ $\frac{2}{9}$　⑧ $\frac{8}{8}$(1)

考え方 分母が同じ分数のたし算、ひき算は、分母はそのままで、分子だけを計算します。

68 ⑭ 分数 (68ページ)

❶ ①㋐ $\frac{11}{7}$　㋑ $\frac{11}{7}$　㋒ 16

②㋐ $\frac{4}{7}$　㋑ $\frac{4}{7}$　㋒ 9　㋓ 2　㋔ 2

❷ ㋐ $\frac{11}{7}$　㋑ $\frac{11}{7}$　㋒ 6

❸ ① $2\frac{1}{5}\left(\frac{11}{5}\right)$　② $2\frac{2}{8}\left(\frac{18}{8}\right)$　③ $2\frac{4}{9}\left(\frac{22}{9}\right)$

④ 2　⑤ $\frac{2}{4}$　⑥ $\frac{6}{8}$

⑦ $\frac{5}{7}$　⑧ $\frac{4}{9}$　⑨ $1\frac{2}{5}\left(\frac{7}{5}\right)$

考え方 帯分数を仮分数に、仮分数を帯分数になおせるようにしましょう。

69 ⑭ 分数 (69ページ)

❶ ① $\frac{3}{6}$、$\frac{4}{8}$、$\frac{5}{10}$　② $\frac{2}{3}$、$\frac{6}{9}$　③ $\frac{1}{5}$

❷ ① $\frac{2}{6}$　② $\frac{3}{9}$　③ $\frac{4}{6}$　④ $\frac{6}{9}$

考え方 数直線をたてに見て、同じ位置にある分数をさがしましょう。

70 ⑮ 変わり方 (70ページ)

❶ ①

ドーナツの代金とおつり

ドーナツの代金(円)	100	200	300	400	500
おつり (円)	400	300	200	100	0

② ○＋△ ＝500

❷ ①

だんの数とまわりの長さ

だんの数 (だん)	1	2	3	4	5	6	7
まわりの長さ (cm)	4	8	12	16	20	24	28

② △＝ ○×4

③ 48cm

考え方 きまりをみつけて式に表しましょう。

71 ⑮ 変わり方 (71ページ)

❶ ①㋐ 3　㋑ 5　㋒ 7　㋓ 9

㋔ 11　㋕ 13

② 17本　③ 7こ

❷

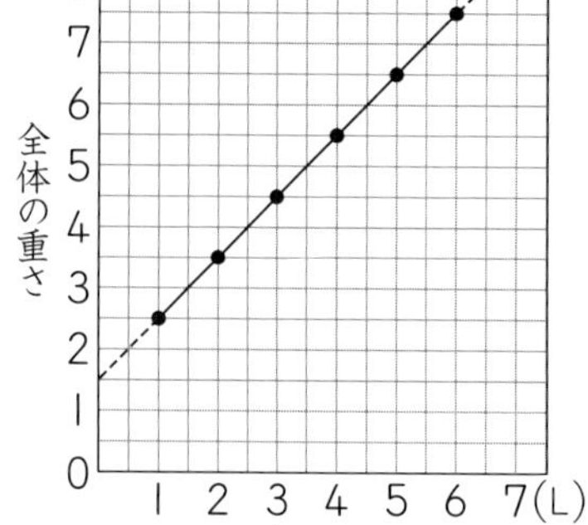

考え方 ❶ 正三角形の数が1ずつふえると、ひごの数は2ずつふえます。

72。 ⑯ 直方体と立方体 72ページ

❶ ①正方形、立方体
②長方形、直方体
③直方体

❷ ①立方体　②直方体　③直方体

❸ 面…6つ
頂点…8つ

考え方 ❷ ①正方形だけでかこまれた形は、立方体です。②正方形と長方形でかこまれた形は直方体です。③長方形だけでかこまれた形も、直方体です。

73。 ⑯ 直方体と立方体 73ページ

❶

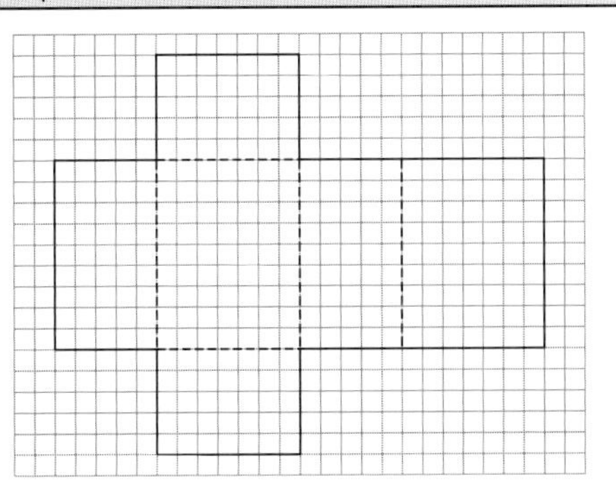

❷ ㋐、㋒、㋓

❸ ①点ア、点ケ　②点ウ　③辺カオ

考え方 ❶ てん開図は切り方によって形が変わります。1つの面に注目して考えるとわかりやすくなります。
❷ てん開図を頭の中で組み立てましょう。

74。 ⑯ 直方体と立方体 74ページ

❶ ①Ⓘ　②Ⓤ
③Ⓤ、Ⓔ ｝それぞれ順番がちがってもよい。
④Ⓐ、Ⓘ

❷ ①Ⓤ　②Ⓔ　③Ⓔ
④Ⓘ、Ⓞ ｝それぞれ順番がちがってもよい。
⑤Ⓐ、Ⓘ、Ⓔ
⑥Ⓐ、Ⓤ、Ⓞ、Ⓚ

❸ 3

❹ 4

考え方 ❸ 直方体や立方体では、向かいあう面はそれぞれ平行になります。

75。 ⑯ 直方体と立方体 75ページ

❶ ①平行、
ＥＦ、ＨＧ ｝それぞれ順番がちがってもよい。
②ＣＧ、ＤＨ
③ＦＧ、ＥＨ
④垂直
ＢＣ、ＡＥ、ＢＦ ｝それぞれ順番がちがってもよい。
⑤ＥＨ、ＤＣ、ＨＧ

❷ ①ＦＧ、ＧＨ、ＨＥ
②ＢＦ、ＣＧ、ＤＨ

考え方 直方体の1つの辺と平行な辺は3つ、垂直な辺は4つあり、直方体の1つの面と平行な辺は4つ、垂直な辺も4つあります。

76。 ⑯ 直方体と立方体 76ページ

❶ ①

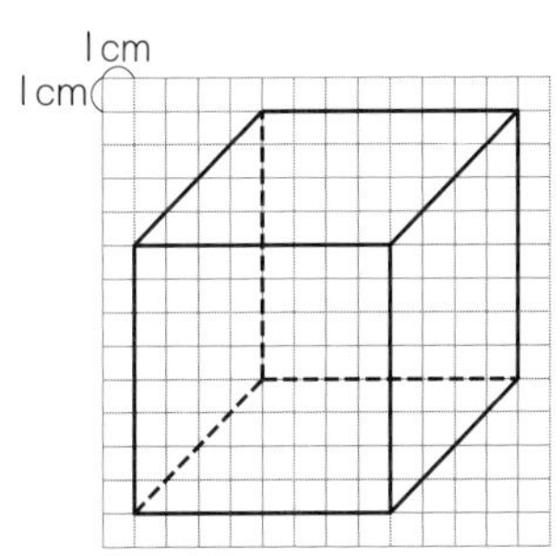

②

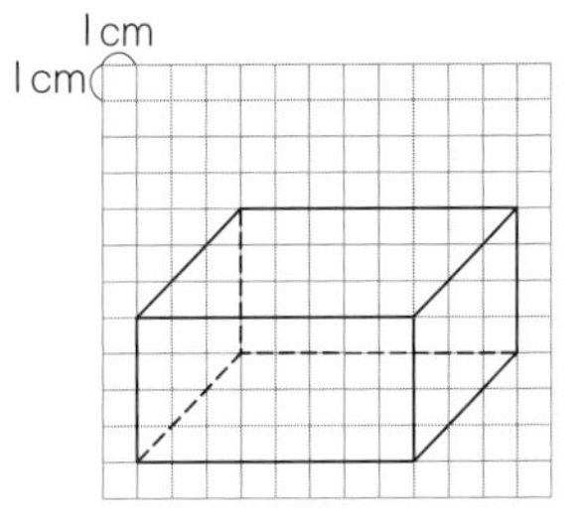

❷ ①

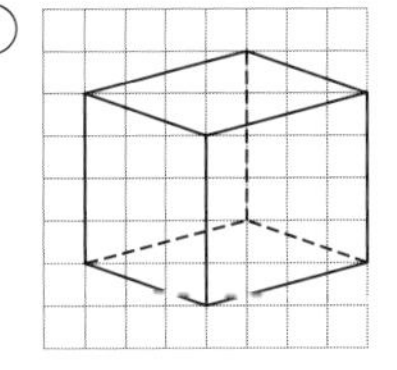

②

考え方 ❶ 見取図は、まず正面から見た形をかくので、①の立方体は正方形、②の直方体は長方形をかきます。
❷ 平行な辺は平行に、見えない辺は点線でかきます。

77. ⑯ 直方体と立方体 77ページ

❶ ①㋐2 ㋑4 ㋒2 ㋓4
②㋐4 ㋑3 ㋒4 ㋓3

❷ ①㋐8 ㋑3 ㋒0
②H（横 0cm、たて 3cm、高さ 5cm）
③F（横 8cm、たて 0cm、高さ 5cm）
④頂点G

考え方 ❷ 横、たて、高さの順に表していきます。

78. 1けたでわるわり算の筆算／2けたでわるわり算の筆算 78ページ

1 ①29 ②14 あまり 1
③85 ④82 あまり 2
⑤170 ⑥2
⑦4 あまり 2 ⑧7
⑨6 あまり 5 ⑩5 あまり 20
⑪5 あまり 15 ⑫13
⑬12 ⑭21 あまり 7
⑮30 ⑯20 あまり 10
⑰129 ⑱86
⑲234 あまり 23 ⑳14 あまり 3

考え方 1 ④、⑬、⑲ の計算は次のようになります。

④ 658 ÷ 8 = 82 あまり 2（64, 18, 16, 2）
⑬ 996 ÷ 83 = 12（83, 166, 166, 0）
⑲ 6341 ÷ 27 = 234 あまり 23（54, 94, 81, 131, 108, 23）

79. 小数／式と計算の順じょ／小数のかけ算とわり算 79ページ

1 ①5.85 ②6 ③12.48
④2.93 ⑤6.89 ⑥1.51

2 ①50 ②3
③119 ④2400

3 ①0.08 ②0.9
③0.1 ④0.6
⑤9.6 ⑥8.37
⑦132 ⑧2.4
⑨6.2 ⑩0.32

考え方 1 小数の筆算は、小数点の位置をたてにそろえてかきます。

② 5.23 ＋0.77 ＝ 6.00 ← 小数点の右の0は消します。

おうちのかたへ 小数のかけ算のとき、小数点を打つ位置にとくに気をつけましょう。

80. 調べ方と整理のしかた／分数 80ページ

1 ①13 人
②6人
③算数がきらいな人
④32 人

2 ① $1\frac{1}{8}$ ② $\frac{20}{7}$ ③ $\frac{9}{5}$
④1 ⑤ $1\frac{4}{6}$

3 ① $1\left(\frac{2}{2}\right)$ ② $\frac{9}{4}\left(2\frac{1}{4}\right)$ ③ $\frac{13}{6}\left(2\frac{1}{6}\right)$
④ $3\left(\frac{9}{3}\right)$ ⑤ $\frac{3}{7}$ ⑥ $\frac{6}{8}$
⑦ $\frac{27}{8}\left(3\frac{3}{8}\right)$ ⑧ $\frac{4}{5}$

おうちのかたへ 1 表の中の数字が何を表すのかを読み取り、表を読む力をつけましょう。